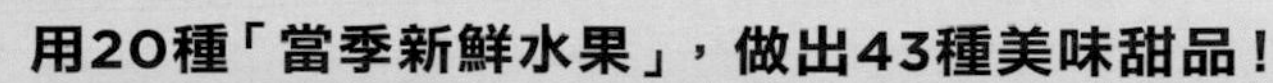

MURAYOSHI FRUIT PARLOUR

水果甜點工作室

歡迎來到MURAYOSHI水果甜點工作室！

歡迎光臨～。
這是我們的菜單。
本店的甜點用了滿滿的當季水果，
為您提供春夏秋冬各個季節的應景精緻甜品！
請您盡情享用！

白襯衫、蝴蝶領結，再加上黑色圍裙，扮演店主甜點師，
在架空的甜點店製作以水果為原料的甜点——。
以這樣的情境，在月刊《NHK 今日的料理Beginner's》上連載2年半的「MURAYOSHI水果甜點工作室」終於集結成冊了！而且還收錄了全新的甜點食譜！

除了甜點中常見的檸檬、草莓、香蕉及蘋果之外，
大家平時習慣直接品嘗的無花果、柑橘、哈密瓜、西瓜等等，
在本書中也會用來製作甜品。

各位聽到水果甜點，首先會聯想到什麼？
會是鮮奶油蛋糕、蘋果派、還是香蕉蛋糕呢？
我剛學習製作糕點時，只是一股腦兒地做，
並沒有學到多少能活用水果鮮美滋味的食譜。
後來到店裡工作時，總是使用冷凍水果泥，
或是草莓、橘子等一整年都能進貨的水果。
在那段修行時期，「當季」對我而言可說是距離很遙遠的概念。

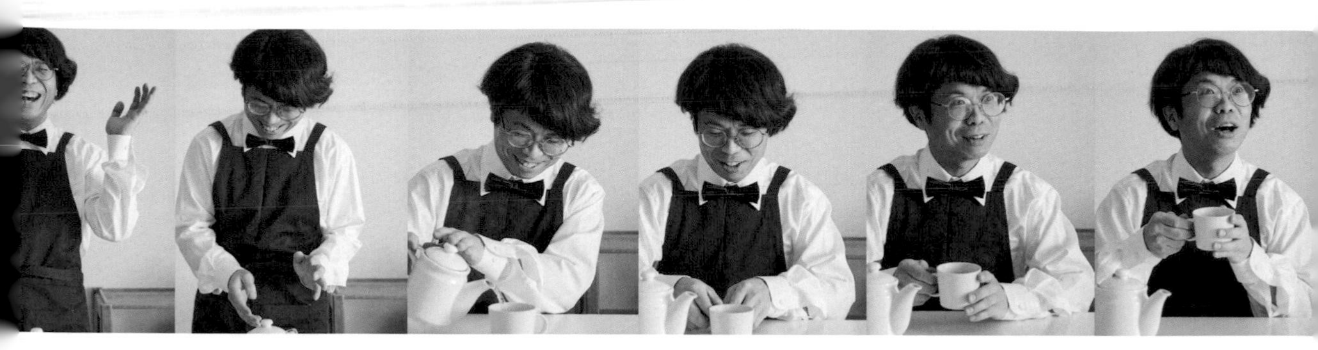

以料理研究家的身分獨立後，
我開始親身拜訪店鋪與農家，自己挑選水果。
這時我才發現，在不同的季節，
自己想用來做甜點的水果、想採用的製作方法也隨之不同。

理所當然地，幾乎所有的水果，在一年中能收穫的時期僅限於特定季節。
即使這次在店面看見了，只要時節一過，
店家擺上的水果又會更換，下次再見到就會是一年之後。
就算心中老想著要用這些當季水果來做甜點，
可一想到冰箱的空間，往往又不小心錯過了最適當的時機。
包含這樣的小煩惱在內，當季水果或許能說是最貼近生活的季節樂趣。

水果直接吃當然鮮美可口，
但製作成甜點又別有一番風味。
加熱後濃縮的香氣與口感，與吸飽果汁的蛋糕共同譜出和諧的旋律，
而此時鮮奶油又會塑造出味道鮮明的對比，襯托水果的酸甜滋味。

為了讓各位能帶著輕鬆的心情挑戰甜點製作，
本書的食譜無論是蛋糕原料還是水果，全都選用了能在超市買齊的材料。
書中總共介紹43道甜品，包含精心製作的烘焙點心、冰涼甜點，
以及酥鬆的小餅乾等，種類豐富多元。
各位不妨用一年時間，好好探索水果的嶄新魅力。

MURAYOSHI MASAYUKI

Contents

本書的使用說明

- 本書使用的量杯1杯＝200mℓ，量匙1大匙＝15mℓ、1小匙＝5mℓ。1mℓ＝1cc。
- 書中所標記的熱量為大概的數值，製作時間為總共花費的時間。
- 使用微波爐、烤箱、果汁機、電動攪拌器等烹飪器具前，請詳閱各廠商說明書，並依指示正確使用。
- 請避免用微波爐加熱金屬或部分金屬製的容器、非耐熱的玻璃容器、漆器、木、竹、紙製容器，以及耐熱溫度未達140℃的塑膠容器，否則有發生故障、事故的危險。本書所示微波時間為600W的時間。若為700W則時間縮短約0.8倍，500W延長至1.2倍。
- 在加熱料理時若使用到保鮮膜或鋁箔紙，請先確認使用說明書所標記的耐熱溫度，並依指示正確使用。
- 烤箱的溫度與烘焙時間以家用電烤箱為基準，不同機種或許有差異。如使用的是瓦斯烤箱，請將溫度降低5～10℃，時間縮短3～5分鐘。
- 本書所使用的水果若無特別要求，請先用水洗淨，然後將水分完全擦乾後再使用。
- 部分甜品含有酒精，孩童與不擅喝酒的人請避免食用。
- 部分甜品含有蜂蜜，請勿給未滿1歲的嬰兒食用。

材料

❶ **低筋麵粉**
本書用於烘焙甜點的麵粉幾乎都是低筋麵粉。麵粉種類繁多，不過任何一種都可以，請選擇自己喜歡的就好。

※只有「金柑貝涅餅」（參照P.62）為麵包麵團，因此使用麩質含量較高的高筋麵粉。

❷ **雞蛋**
本書使用尺寸為M的中型蛋（淨重48～55g）。由於雞蛋太冰會很難與粉類混在一起，因此在製作甜點的30分～1小時前要先從冰箱拿出來退冰。

❸ **吉利丁粉**
主原料是動物性蛋白質的膠原蛋白。因為吉利丁在15～20℃時會凝固、25℃時會融化，所以請放在冰箱冷藏。使用步驟是將吉利丁粉篩進水中，泡發後使用，但要小心如果是反過來將水倒進吉利丁粉裡，容易導致結塊而混合不均。

❹ **寒天粉**
以海藻為主原料的植物性食品。寒天在30℃左右開始凝固，95℃左右開始融化，因此在常溫下會凝固，不用擔心融化的問題。關鍵是先在沸騰的熱水裡仔細煮到溶解，再放置到凝固。

❺ **細砂糖**
純度高，味道清爽，也沒有特殊風味的糖，不會干擾水果的甜味。

❻ **蜂蜜**
想要加入厚醇的甜味時可以使用蜂蜜。擁有柳橙、檸檬或百花蜜等華美香氣的蜂蜜，與水果可說是天作之合。

❼ **上白糖（砂糖）**
上白糖有著溫潤深厚的甜味。如果想用來代替細砂糖，用量請減至細砂糖的8～9成。

❽ **植物油**
雖然選用自己喜歡的植物油即可，不過我自己愛用的是玄米油。輕爽的口感，再加上沒有特殊的香氣與味道，不會干擾水果的風味。

❾ **奶油（無鹽）**
甜點使用無鹽奶油。如果用含有鹽的奶油會使甜點出現鹹味，請避免使用。

❿ **原味優格（無糖）**
我在做甜點時往往會減少鮮奶油或奶油乳酪的量，或用優格來替代。改用優格可以透過酸味讓口感更清爽，整體味道變得更乾淨輕盈。

⓫ **鮮奶油**
我使用的是乳脂肪含量35％以上的鮮奶油，不過濃度可以隨個人喜好選擇。

打發鮮奶油的基準

六分發
撈起鮮奶油後會滑順滴落，不會堆在一起，痕跡也很快消散。

七分發
撈起鮮奶油後會濃稠地滴落，會稍微堆在一起，痕跡還是很快消散。

八分發
撈起鮮奶油後會立起柔軟的角，濃稠地滴落並堆在一起，痕跡要稍微過一下才會消散。

九分發
撈起鮮奶油後會緩慢地滴落，並密集地堆在一起，痕跡不會消失。

模具

❶ 冰棒型模具（22.5×11.8×高11.5㎝，6支用）

用於「奇異果奶油乳酪冰棒」（參照P.74）。也可用其他冰棒型模具或紙杯代替。

❷ 耐熱烤盤

用於「香蕉蛋糕」（參照P.26）、「焦糖蘋果杏仁蛋糕」（參照P.32）、「甜柿優格戚風蛋糕」（參照P.48）、「蜜柑花生奶油布朗尼」（參照P.50）。我用的是珐瑯烤盤，不過用金屬製的烤盤也沒關係。「西瓜雪酪」（參照P.80）也會用到烤盤。雖然不需耐熱，但珐瑯製的比金屬製更能保持水果風味。

❸ 磅蛋糕模具（18×9×高6.5㎝）

用於「檸檬蛋糕」（參照P.8）、「寒天無花果凍」（參照P.44）、「莓果乳酪蛋糕」（參照P.88）、「藍莓奶酥磅蛋糕」（參照P.92）。在「寒天無花果凍」中代替常用於日式料理或甜點的豆腐型模具使用。

❹ 海綿蛋糕型模具（直徑15㎝），上方：活底型／下方：一體型

底部可取下的類型用於「草莓生乳酪蛋糕」（參照P.14）、一體型用於「草莓鮮奶油蛋糕」（參照P.18）、「蜜柑奶茶風味蒸糕」（參照P.54）。一體型的甜點也可以用活底型來製作。

❺ 瑪芬模具（直徑6×高3㎝，6個用）

用於「香蕉巧克力瑪芬」（參照P.22）、「甜煮金柑費南雪」（參照P.58）。不過兩種都可以用耐油、耐熱且能自行站立的厚紙杯代替。

❻ 小烤皿（直徑7×高4㎝，容量90㎖）

用於「反烤蘋果塔」（參照P.28）。只要調整材料個數，就算用尺寸稍微不同的烤皿也可以製作。

❼ 布丁模具（直徑7×高6㎝，容量150㎖）

用於「草莓布丁」（參照P.12）、「蜜柑義式奶酪」（參照P.56）。只要改變使用材料的個數，那麼用喜歡的尺寸來製作也沒關係。

檸檬蛋糕

將檸檬的果皮與果汁混入麵糊中進行烘烤，然後淋上檸檬糖霜。
最後再撒上檸檬皮當作裝飾，做出從裡到外都是滿滿檸檬香的磅蛋糕。
烘烤前用電動攪拌器打出細緻的麵糊，就能烤出綿密的口感。

材料（18×9×高6.5㎝的磅蛋糕模具1個份）

檸檬（日本產） 1顆

A［雞蛋 2顆
　 細砂糖 80g

低筋麵粉（麵糊用） 100g

奶油（麵糊用／無鹽） 80g

奶油（模具用／無鹽） 適量

低筋麵粉（模具用） 適量

糖粉 75g

事前準備

・麵糊用的低筋麵粉先過篩。
・麵糊用的奶油放到小鍋裡，用中火煮到奶油融解（融化奶油）。
・磅蛋糕模具塗上一層薄薄的奶油，接著放到冰箱冷卻。
・烤箱預熱到170℃。

1

加熱到雞蛋容易打發的溫度後就從熱水中拿起來。如果在攪打至緞帶狀之前就冷掉，只要再重新隔水加熱就好。

2

模具塗上奶油並放到冰箱冷藏，直到要烘烤前拿出來，並撒上一層低筋麵粉。這麼一來，蛋糕表面可以烤出漂亮的烤色，也容易從模具中取出。

1 用檸檬刨絲器（一種柑橘類專用的刨削工具）或一般的刨刀，將檸檬果皮的黃色部分刨下來，然後擠2大匙的檸檬汁。

2 把A放進鋼盆裡，底部隔著70～80℃的熱水（隔水加熱），並用電動攪拌器的低速進行攪打，加熱到接近人的體溫（約40℃）後就從熱水拿開。接下來攪拌器切到高速，繼續攪打至撈起來會呈緞帶狀折疊滴落的程度（照片1）。接著攪拌器切回低速，用1分鐘左右緩緩攪拌，拌勻氣泡的紋路。最後各加入一半量的檸檬皮與檸檬汁，用橡膠刮刀攪拌均勻。

3 將已經事先篩好的麵糊用低筋麵粉加進**2**裡，並用橡膠刮刀攪拌至不再有粉狀感為止。再加入融化奶油，仔細攪拌到均勻。最後再多攪拌20～30次，讓麵糊帶有光澤。

4 在冷藏好的磅蛋糕模具上撒上一層薄薄的低筋麵粉，然後把**3**倒進去（照片2）。接著放到烤盤上，用170℃烤箱烤30～35分鐘。從烤箱拿出來之後，立刻從模具中倒出來，放到網架上面冷卻。
※將竹籤插進蛋糕的中心，如果沒有沾附生的麵糊就是烘烤完成了。

5 剩下的檸檬汁與糖粉一同放進鋼盆中並用湯匙攪拌，製作成檸檬糖霜。將糖霜淋到**4**上，用湯匙抹開，然後撒上剩下的檸檬皮。最後在常溫下放置30分鐘，等到糖霜乾燥至手摸不沾的程度。

［總量1760 kcal　製作時間1小時
（不含冷卻時間與等待糖霜乾燥的時間）］

檸檬糖霜奶油酥餅

香酥鬆軟的奶油酥餅，配上口感沙沙的甘甜糖霜。
使用植物油與優格代替奶油，做成清爽的麵糊，襯托檸檬的香氣與酸味。

材料（20個份）

A
- 檸檬皮（日本產／刨成皮屑） ½顆份
- 檸檬汁 1小匙
- 植物油 2½大匙
- 原味優格（無糖） 20g

B
- 低筋麵粉 100g
- 細砂糖 15g
- 鹽 1撮（1g）
- 泡打粉 ⅓小匙

檸檬糖霜
- 糖粉 50g
- 檸檬皮（日本產／刨成皮屑） ½顆份
- 檸檬汁 1小匙多

事前準備
- B要先混合過篩。
- 烤箱用的烘焙紙裁成25～30㎝長。
- 烤盤鋪上另一張烘焙紙。
- 烤箱預熱到170℃。

1 將A放進鋼盆中，用攪拌器仔細攪拌至黏糊狀，接著加入篩過的B，並用橡膠刮刀攪拌到沒有粉狀感為止，最後整理成一團。

2 把**1**的麵團放在裁好的烘焙紙中央，並用手壓平到約1㎝厚。接著將烘焙紙左右兩端折起來蓋住麵團，並用桿麵棍延展成1㎝厚、8×16㎝的長方形。

3 重新把烘焙紙攤開，然後用菜刀縱向切對半後，再橫向切10等份（約1.5㎝寬）。在切好的麵團中間用叉子開孔（照片1）。

4 在鋪好烘焙紙的烤盤上，依一定間隔排列**3**，然後用170℃烤箱烤24～26分鐘（照片2）。之後從烤箱中取出，直接放在烤盤上冷卻。

5 鋼盆裡放入檸檬糖霜的材料，並將鋼盆的底部放在熱水中（隔水加熱），用攪拌器攪拌30秒。最後用刷子塗到**4**的表面，並放到網架上乾燥10分鐘左右，直到手指能夠觸摸的程度。

[1個45 kcal　製作時間50分鐘
（不含冷卻時間與等待糖霜乾燥的時間）]

1

用叉子開孔，使麵糊在烘烤過程中能夠釋出空氣，膨脹均勻。

2

表面帶有淺淺烤色，背面則有漂亮的烤色時，就烘烤完成了。

草莓布丁

口感軟彈絲滑、柔嫩爽口。
如果只有草莓會太酸，所以用優格緩和酸味。
用果汁100%的濃厚草莓醬提升草莓感！

材料（直徑7×高6㎝，容量150㎖的布丁模具4～5個份）

草莓　600g
A［水　50㎖
　 吉利丁粉　8g*
細砂糖　100g
鮮奶油　100㎖
原味優格（無糖）　100g

＊ 雖然會變硬一點，不過用2包（10g）來做也沒關係。

1
移到可以快速冷卻的金屬鋼盆，攪拌出黏稠感。小心金屬鋼盆不可以放進微波爐中加熱。

2
享用前可以在模具口倒入溫水，泡10～20秒，或是把盤子蓋在模具上，整個翻過來後壓好模具跟盤子，用力搖晃2～3次，這樣就可以順利將布丁從模具中取出。

1 在小容器裡裝入A的水，然後篩進吉利丁粉並等待2～3分鐘讓粉軟化。草莓取掉蒂頭，選4～5顆形狀漂亮的先放到冰箱冷藏，之後要用來當作裝飾。剩下的草莓放進耐熱的鋼盆裡，用叉子或搗泥器仔細搗碎。

2 在**1**的耐熱鋼盆裡加入細砂糖，用橡膠刮刀攪拌。接著無需包上保鮮膜，直接放進微波爐（600W）加熱4分鐘。鋼盆中½的量分裝到其他容器裡，並放到冰箱中冷藏，之後要用來當作果醬。趁剩下的草莓還溫熱時，將**1**裡軟化的吉利丁加入耐熱鋼盆，再用攪拌器仔細地攪拌均勻。攪拌後移到金屬製的鋼盆，底部放在冰水中，用橡膠刮刀一邊攪拌一邊冷卻（照片1）。攪拌到出現黏稠感時，就移出冰水盆。

3 在其他鋼盆裡放入鮮奶油，鋼盆底放在冰水中，再用電動或手動的攪拌器打發到六分發（六分發請參照P.6），加進**2**的鋼盆中。接下來加入優格，並用攪拌器仔細攪拌。

4 把**3**倒進布丁模具中約七～八分滿，然後放到冰箱2個小時以上等布丁凝固（照片2）。從模具裡取出後盛裝到容器上，再將用於裝飾的草莓對切一半進行擺盤，最後淋上**2**分裝出去的果醬就大功告成了。

［1個200 kcal　製作時間30分鐘（不含果醬冷卻時間與等待布丁凝固的時間）］

草莓生乳酪蛋糕

只要混合材料，等它冷卻、凝固就好，做法非常簡單。
不僅味道清爽、口感輕柔，整齊的草莓切片圍成一圈的樣子也很可愛！
將草莓磨成果泥狀的酸甜草莓醬淋上蛋糕後，草莓的香氣便撲鼻而來。

材料（直徑15㎝的活底型海綿蛋糕模具1個份）

草莓　200g

A［水　1大匙
　 吉利丁粉　4g*1

奶油夾心巧克力餅乾（市售）*2　8塊

細砂糖　2大匙

B［奶油乳酪　200g
　 細砂糖　60g

原味優格（無糖）　2大匙

鮮奶油　150mℓ

檸檬汁　2小匙

＊1 雖然會變硬一點，不過用1包（5g）來做也沒關係。
＊2 用原味的奶油夾心餅乾也可以。

事前準備

・奶油乳酪回復至常溫，或放到耐熱容器裡並輕輕包上保鮮膜，再用微波爐（600W）微波50～60秒軟化。

1 在小容器裡裝入A的水，然後篩進吉利丁粉並等待2～3分鐘讓粉軟化。奶油夾心巧克力餅乾放進有拉鏈的密封袋裡，然後隔著袋子用桿麵棍敲碎。敲碎的餅乾鋪在模具底部，並用湯匙背面用力將表面壓平。

2 草莓取掉蒂頭。拿4顆草莓縱向切成3～4㎜寬的切片，然後在**1**的模具側面貼滿一圈草莓（照片1）。剩下的草莓磨成泥後放進鋼盆中，加入細砂糖攪拌（草莓醬），放到冰箱裡冷卻，要使用前再拿出來。

3 取另一個碗放入B，用橡膠刮刀攪拌，然後再加進優格一起拌勻。

4 在小鍋子裡放入鮮奶油，以中火煮到冒泡後關火。加入**1**軟化後的吉利丁，用攪拌器攪拌均勻。

5 將**4**分多次慢慢加進**3**，並用攪拌器拌勻，再倒進檸檬汁簡單拌一下。接下來倒入**2**的模具裡，放進冰箱2～3小時等蛋糕冷卻、凝固。從模具取出後（照片2），用加熱過的菜刀切成方便享用的大小，並適量淋上**2**的草莓醬。

[總量2210 kcal　製作時間30分鐘（不含蛋糕的冷卻時間）]

1

將切半的草莓排在蛋糕側面，讓蛋糕完成後露出草莓的切面。

2

將底面平坦的杯子等容器倒過來放著，然後把整個模具放上去，從模具的側面往下壓，把蛋糕擠出來。

草莓酥餅

「酥餅」（short time cake）據說是鮮奶油蛋糕（short cake）的原型，是一種在兩片比司吉之間夾入奶油的美式家庭點心。
雖然原本應該用白脫牛奶（buttermilk）來增添風味，但這裡用牛奶、鮮奶油中加人醋來代替。

材料（5個份）
草莓 （小）15顆（120g）
比司吉
- 牛奶 50mℓ
- 鮮奶油 50mℓ
- 醋（或檸檬汁） 2小匙
- 低筋麵粉 200g
- 泡打粉 2小匙
- 細砂糖 3大匙
- 鹽 1撮（1g）
- 奶油（無鹽） 60g

低筋麵粉（手粉用） 適量
牛奶（刷光澤用） 適量
A
- 鮮奶油 100mℓ
- 細砂糖 2小匙

事前準備
・草莓取掉蒂頭。
・奶油放入小鍋，用中火融化（融化奶油）。
・烤盤鋪上烤箱用的烘焙紙。
・烤箱預熱到200℃。

1 首先製作比司吉。鋼盆裡放進牛奶、鮮奶油與醋，再用橡膠刮刀攪拌，並放置5分鐘。

2 在其他鋼盆裡放進低筋麵粉、泡打粉、細砂糖與鹽，用橡膠刮刀簡單攪拌一下。接著按順序加進融化奶油與**1**，並仔細攪拌到沒有粉狀感為止。

3 取出**2**的麵團，放到作業台上，並撒上手粉，揉成2～3㎝厚的圓盤狀。接著用玻璃杯或茶杯壓出圓柱體的麵團（照片1）。如果麵團不夠了，就整塊揉圓、撒上手粉，再重新揉成2～3㎝厚的圓盤狀，並同樣壓出圓形麵團，總共要壓出4塊。最後剩下的麵團就揉圓，然後調整到與其他圓形麵團差不多大小。

4 把**3**依照一定間隔放到鋪好烘焙紙的烤盤上，表面用刷子塗上一層薄薄的牛奶（照片2）。用200℃烤箱烤16～20分鐘後，放到網架上冷卻。
※背面烤出漂亮的烤色時就是烘焙完成了。

5 將A裝到鋼盆裡，底部放在冰水中，再用電動或手動攪拌器打發到七～八分發（七～八分發參照P.6）。將**4**橫切成一半，下半部均勻放上鮮奶油與草莓，再把上半部蓋上去。

[1個430 kcal 製作時間45分鐘
（不含冷卻時間）]

1
玻璃杯充當餅乾模具使用，直徑以7㎝左右為佳。總共壓出4塊麵團。

2
在烘烤前塗上牛奶，烘烤後就會帶有光澤。

草莓鮮奶油蛋糕

海綿蛋糕隨興疊上滿滿的草莓與打發的鮮奶油。
沒有複雜的裝飾，做起來簡單又好上手。
海綿蛋糕部分採用蛋黃與蛋白一起打發的「全蛋打發法」，
讓蛋糕吃起來口感綿柔又充滿彈性。
關鍵在於需要一邊加熱蛋液一邊打發，才能做出細緻的蛋糕。

材料（直徑15㎝的海綿蛋糕模具1個份）

草莓　250g

海綿蛋糕

- 雞蛋　2顆
- 蜂蜜　1小匙
- 細砂糖　70g
- 低筋麵粉　60g
- 奶油（無鹽）　15g
- 牛奶　1½大匙

糖漿

- 細砂糖　2大匙
- 水　50mℓ
- 喜歡的利口酒（如櫻桃白蘭地*、蘭姆酒〈白〉等等／或水）　1大匙

A
- 鮮奶油　200mℓ
- 細砂糖　2小匙

＊ 一種由櫻桃製成的利口酒。

事前準備

・草莓取掉蒂頭，並上下切半。
・低筋麵粉先篩過。
・蛋糕模具鋪上烘焙紙。
・烤箱預熱到160℃。

草莓鮮奶油蛋糕的做法

1

2

首先製作海綿蛋糕。鋼盆內放進蛋、蜂蜜與細砂糖，用低速的電動攪拌器攪拌。等蛋打散後，將鋼盆泡入在70～80℃的熱水中（隔水加熱），再繼續用低速打發蛋液。加熱到跟人的體溫差不多後（約40℃），就從熱水中移出鋼盆。

趁**1**的蛋液還溫熱時，用高速的電動攪拌器打發到撈起來會呈緞帶狀折疊滴落的程度。接著切換到低速，緩慢地攪打蛋液約1分鐘，將氣泡攪打均勻。

5

6

從烤箱中取出後，把模具翻過來，連同烘焙紙一起將蛋糕倒出來，並放到網架上冷卻。

※當原本膨脹的麵糊又縮小，邊緣開始出現皺摺後，就差不多烘焙完成了。另外，倒過來冷卻可以避免蛋糕的頂層縮小。還請戴著烘焙手套進行作業，小心不要燙傷。

糖漿的材料都放進容器裡攪拌。接下來另取一個鋼盆放入A，底部泡在冰水中，用電動或手動攪拌器打發到七分發（七分發請參照P.6）。

3

4

加進篩好的低筋麵粉，用橡膠刮刀攪拌到不再有粉狀感為止。接著在小鍋裡放進奶油與牛奶，用中火加熱，讓奶油融化。沸騰後關火，加進裝有麵糊的鋼盆中，繼續攪拌到不會水水的。最後再多攪拌40～50次，把麵糊攪拌均勻。

攪拌出光澤後，倒進鋪好烘焙紙的模具裡。接著模具往桌子敲2～3次，消掉過大的氣泡。最後放到烤盤上，用160℃烤箱烤30分鐘。

7

8

接下來要組合蛋糕。
5的海綿蛋糕取掉烘焙紙，用麵包刀（沒有的話用菜刀）攔腰切成一半。切面與側面都用刷子塗上**6**的糖漿，讓蛋糕吸收糖漿。

海綿蛋糕下半部抹上**6**鮮奶油的¼量，並用橡膠刮刀抹平，再排列10～12片草莓。草莓上方接著抹剩下的鮮奶油的量並抹平，再蓋上海綿蛋糕的上半部。最後剩下的鮮奶油都倒到最上方，用刮刀抹平，再裝飾剩下所有的草莓。放進冰箱2個小時後，就可以拿出來用溫熱的菜刀切成適當的大小享用了。

[總量1970 kcal　製作時間1小時（不含冷卻海綿蛋糕的時間，與放進冰箱冷藏的時間）]

香蕉巧克力瑪芬

把香蕉壓成泥狀，混進麵糊中，烤出綿軟又濕潤的瑪芬。
巧克力一半融化，一半切成碎塊，可以同時品嘗巧克力的兩種不同口感。
帶有苦味的巧克力糖霜與濃甜的香蕉簡直就是絕配！

材料（直徑6×高3㎝的瑪芬模具*6個份）

香蕉　2根（淨重220～240g）
喜歡的板狀巧克力（市售）　100g
奶油（無鹽）　50g
牛奶　1大匙

A
- 雞蛋　1顆
- 細砂糖　80g
- 鹽　1撮（1g）

B
- 低筋麵粉　150g
- 泡打粉　1小匙

巧克力糖霜
- 糖粉　80g
- 可可粉（無糖）　15g
- 水　1⅓大匙

＊ 也可以使用市售耐油、耐熱且能站立的厚紙杯來代替模具。

事前準備

- 板狀巧克力大致切碎成長寬約1㎝的大小。
- B先混合過篩。
- 在瑪芬模具中鋪上尺寸差不多的耐熱、耐油瑪芬用烘焙紙杯。
- 烤箱預熱到180℃。

1 香蕉剝皮後斜切成3㎜寬的薄片，並保留18片當作裝飾。剩下的放進鋼盆中，用叉子的背面壓成泥狀。

2 切碎後的巧克力一半與奶油、牛奶一同放進別的鋼盆裡，並將鋼盆底泡在70～80℃的熱水中（隔水加熱），放置5～10分鐘。等巧克力與奶油融化後，用攪拌器攪拌，並從熱水中拿起來。最後加入A繼續攪拌。

3 在**2**中加入篩過的B，並用橡膠刮刀攪拌。攪拌到大概還殘留一半粉狀感的時候，將**2**壓成泥狀的香蕉與**2**剩下的巧克力加進去，然後繼續攪拌到沒有粉狀感為止（照片1）。

4 將**3**用湯匙平均撈進鋪好烘焙紙杯的瑪芬模具，再將裝飾用的香蕉片均勻放在麵糊上（照片2）。最後放上烤盤，用180℃烤箱烤20～25分鐘，並隨時觀察烤箱內的狀況。烤好後連同紙杯一起從模具中取出，放到網架上散熱。
※可用竹籤插進麵糊中心，若不會沾取生麵糊就是烘焙完成了。

5 鋼盆中放進巧克力糖霜的材料，用攪拌器充分攪拌。最後用湯匙背面將糖霜塗抹到**4**上面並靜置15分鐘，等表面乾燥。

[1個400 kcal　製作時間40分鐘（不含巧克力隔水加熱、散熱、糖霜乾燥的時間）]

1

在留有粉狀感的狀態下加進去才是訣竅。如果等粉狀感都沒了才加進去，最後就會因為麵糊攪拌過頭而產生黏性，無法烤出綿軟的口感。

2

香蕉放到麵糊上，可以烤出濃郁的香氣。

香蕉甜甜圈

這是滿溢著濃郁香蕉風味的老式甜甜圈（Old-Fashioned Donuts）。
要混進麵糊的香蕉若先用微波爐加熱過再壓成泥狀，
不僅更便於與其他材料攪拌，也能使味道融為一體，更加豐富飽滿。

材料（9個份）

香蕉　2根（淨重220～240g）

A
- 奶油（無鹽／或用植物油）　20g
- 細砂糖　2大匙
- 鹽　1撮（1g）

雞蛋　1顆

B
- 低筋麵粉　200g
- 泡打粉　2小匙

低筋麵粉（手粉用）　適量

植物油　適量

細砂糖　2～3大匙

事前準備

・B先混合過篩。

1 1根香蕉剝皮，折斷成適當大小後放進耐熱的鋼盆裡，包上保鮮膜後放進微波爐（600W）加熱1分30秒。接著趁熱用叉子壓成泥狀，然後依順序一邊加入A一邊攪拌。加進蛋後繼續攪拌。最後加進篩好的B，用橡膠刮刀攪拌到稍微留有些許粉狀感的程度（照片1）。

2 **1**的麵團用保鮮膜包起來，放到冰箱冷藏30分鐘。另一根香蕉也剝皮，並切片成9等份（約2cm厚）。

3 麵團從保鮮膜取出，用菜刀切成9等份。每塊麵團放在手上壓平，然後把1片**2**切片的香蕉放到麵團中央並包起來（照片2）。如果麵團很黏手，就撒上手粉。剩下所有麵團都用一樣的方式包住香蕉片。

4 在鍋中倒進植物油約5～6cm深，並加熱到160℃，把**3**一半的量放進鍋內炸2分30秒。當油炸的顏色出來後，可以用長筷或料理夾把麵團翻過來，繼續炸1分30秒～2分鐘。剩下另一半也同樣炸好後，就都放到網架上把油瀝乾。最後趁熱放進鋼盆裡，撒上細砂糖。

[1個240 kcal　製作時間30分鐘
（不含放進冰箱冷藏的時間）]

1

如果攪拌到沒有粉狀感的狀態，麵團就會產生黏性，炸不出酥脆的口感。

2

在油炸時麵團會自己打開，露出香蕉片，因此香蕉不用完全包起來也沒關係。

香蕉蛋糕

這是在我的香蕉蛋糕食譜中，香蕉用量最多的一次！
香蕉用得愈多，除了黏糊感會變得愈強，重量也會變得愈重，
因此要加入太白粉，才能烤出輕柔的口感。

材料（21×16.5×高3㎝的耐熱烤盤1個份）

香蕉　3根（淨重330～360g）
原味優格（無糖）　1大匙

A
- 奶油（無鹽）　70g
- 砂糖　50g
- 鹽　1撮（1g）

雞蛋　1顆

B
- 低筋麵粉　80g
- 太白粉　10g
- 泡打粉　1小匙
- 肉桂粉　½小匙

核桃（烘焙過的產品）　50g

事前準備

- 等奶油回復到常溫並軟化。
- 蛋回復到常溫。
- B先混合過篩。
- 核桃先切碎成1㎝左右的大小。
- 耐熱烤盤鋪上烘焙紙。
- 烤箱預熱到180℃。

1 香蕉剝皮，並將一半的量切成3㎜厚的薄片。剩下一半放進鋼盆中用叉子壓成泥狀，再將優格加進去攪拌（照片1）。

2 在其他鋼盆裡放入A，用攪拌器攪拌到鬆軟、呈白色的樣子。接著加入蛋，繼續攪拌到均勻。

3 在**2**加入篩好的B，用橡膠刮刀攪拌到留有些許粉狀感的程度。然後加進**1**壓爛的香蕉與切碎的核桃，繼續攪拌到沒有粉狀感為止。

4 把**3**放進鋪好烘焙紙的耐熱烤盤，並將表面抹平，排列**1**中切片的香蕉（照片2）。接下來放到烤箱的烤盤上，放進烤箱用180℃烤30～33分鐘。最後蛋糕連同烘焙紙從烤盤中取出，放到網架上冷卻。

※可用竹籤插進麵糊中心，若不會沾取生麵糊就是烘焙完成了。

[總量1770 kcal　製作時間45分鐘
（不含冷卻時間）]

1
把香蕉壓到接近黏糊狀後，再加進優格。

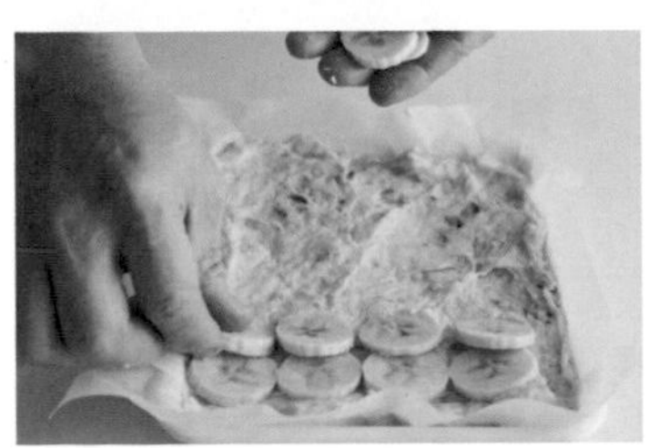

2
像是要覆蓋蛋糕般排列香蕉片，並讓香蕉片稍微疊在一起。

反烤蘋果塔

用小烤皿烤出可愛又圓滾滾的反烤蘋果塔。
最大特色是蘋果不用燉煮，而是先用低溫烤箱直接烤乾後，再用高溫烘焙。
由於烤乾時就將水分蒸發掉了，因此能品嘗到蘋果濃縮的風味，以及比燉煮蘋果更有彈性的扎實果肉感。
我最推薦使用紅玉蘋果製作，不過也可以用其他各種品種的蘋果來烘烤，風味一樣絕佳！

材料（直徑7×高4㎝，容量90㎖的小烤皿5個份）

蘋果* 2～3顆（淨重600g）
冷凍派皮（每邊約20㎝的四邊形） 1片
焦糖
- 細砂糖 2大匙
- 水 2小匙
- 奶油（無鹽） 10g

*紅玉、富士等酸味較強的品種較為合適。

事前準備

- 烤箱的烤盤鋪上烘焙紙。
- 烤箱預熱到100℃。

佐上九分發（九分發請參照P.6）的鮮奶油或香草冰淇淋也很好吃。

反烤蘋果塔的做法

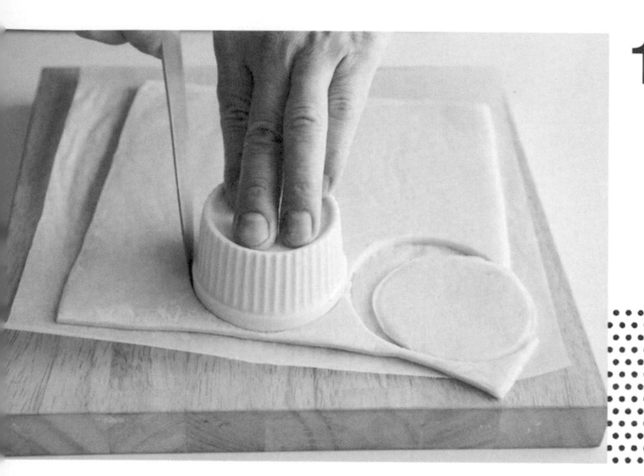

1

2

從冷凍庫拿出冷凍派皮，放置30～60秒後會比較好切。把小烤皿倒過來壓在派皮上，並沿著小烤皿用菜刀切出圓形的派皮。

每片切下來的派皮上都用叉子戳4～5下戳洞。接著並排在烤盤上，用保鮮膜包住後放到冰箱冷藏庫裡，要使用前再取出。

5

6

將**3**的蘋果塞進**4**的小烤皿中，並放上烤盤、送入預熱至100℃的烤箱。接著將溫度提升至170℃，烤25～30分鐘。

※在烤好後冷卻的過程裡，由於中央會凹陷下去，所以塞蘋果時中央要塞高一點。

從烤箱中取出，並把突出烤皿的蘋果用叉子背面用力壓進去，壓到焦糖都往上快要擠出來為止。

※小心燙傷！請戴手套進行。

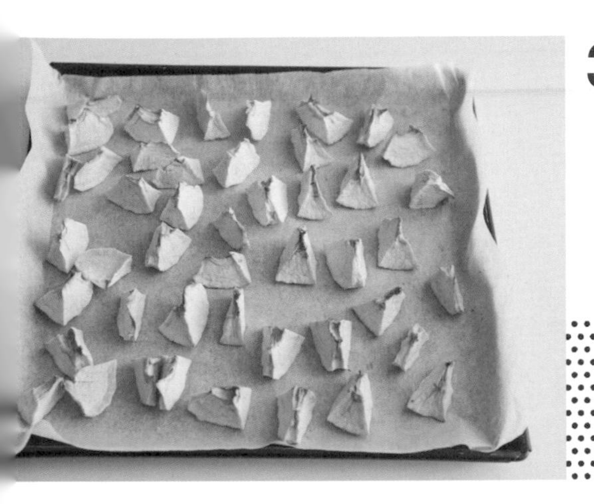

3

蘋果削皮後，放射狀切成12等份，並去除果芯與種子，再將每片蘋果切成一半長。接著放到鋪好烘焙紙的烤盤上，用100℃烤箱烤約40分鐘，烤到蘋果熟軟、邊緣稍微有顏色為止。

※若烤箱最低溫度是110～120℃，那就用最低溫度烤30分鐘左右。烘烤時間可以視情況進行調整。

4

接下來製作焦糖。先在小鍋裡放進細砂糖，用中火煮到融化。出現焦色後關火，用餘熱繼續煮出棕色後，加進水與奶油（小心噴濺），再用耐熱的橡膠刮刀攪拌混合，然後立刻平均倒進每個小烤皿中。

※若在倒進小烤皿前焦糖就凝固了，只要重新開火加熱即可。

7

將**2**的派皮一片片蓋到**6**的烤皿上，再次用170℃的烤箱烤30分鐘，將派皮烤熟。出爐後連同小烤皿一起放在網架上散掉餘熱，最後再放進冰箱冷藏1～2小時。

8

小烤皿底部放在70～80℃的熱水裡溫熱30～40秒，把凝固的焦糖融化。最後在餐盤上倒扣小烤皿，就可以取出蘋果塔了。

[1個160 kcal　製作時間2小時（不含散熱、放進冰箱冷卻的時間）]

焦糖蘋果杏仁蛋糕

散發著杏仁香的蛋糕口感濕潤而綿軟，
而焦糖煎過的蘋果鬆脆又帶著焦香，讓味道的層次更加豐富飽滿。
除了蘋果外，也可使用香蕉或柿子來代替。

材料（21×16.5×高3㎝的耐熱烤盤1個份）

焦糖蘋果

- 蘋果　（小）1顆（約150g）
- 細砂糖　1大匙
- 奶油（無鹽）　15g

杏仁蛋糕

- 杏仁果粉　100g
- 細砂糖　80g
- 雞蛋　2顆
- 奶油（無鹽）　50g
- 低筋麵粉　60g
- 泡打粉　½小匙

杏仁切片　30g

事前準備

- 杏仁蛋糕的奶油放進小鍋，用中火煮到融解（融化奶油）。
- 低筋麵粉與泡打粉合在一起篩過。
- 耐熱烤盤鋪上烘焙紙。
- 烤箱預熱到170℃。

1 一開始先製作焦糖蘋果。蘋果削掉果皮，切成2～3㎝寬的切片，並去掉果芯與種子，然後再切成3㎝長的塊狀。接著鍋裡放入細砂糖，用中火煮到融解並變成焦糖色時，加進蘋果與奶油，攪拌炒勻（照片1）。最後將蘋果取出，放到烤盤上散熱（不用完全冷卻也沒關係）。

2 接下來製作杏仁蛋糕。鋼盆中放進杏仁果粉與細砂糖，用攪拌器輕輕攪拌，接著加入蛋，充分攪拌到變白起泡為止。再來加進融化奶油，繼續攪拌混合。最後加入的是篩好的低筋麵粉與泡打粉，攪拌到沒有粉狀感為止。

3 在鋪好烘焙紙的耐熱烤盤上倒進**2**的麵糊並抹平，再將**1**放上去（照片2）。均勻撒上杏仁切片後，就放到烤箱的烤盤上，用170℃烤30～35分鐘。最後連同烘焙紙一同從耐熱烤盤中取出，放到網架上冷卻。

※可用竹籤插進麵糊中心，若不會沾取生麵糊就是烘焙完成了。

[總量2070 kcal　製作時間1小時（不含冷卻時間）]

1

翻炒到蘋果變成淺棕色，邊緣熟透為止。

2

在麵糊上大致均勻地排滿焦糖蘋果。

長條蘋果派

蘋果不用煮，只要醃泡過就好，省下花時間熬煮的工夫。
另外在派皮上面鋪卡斯特拉蛋糕，讓蛋糕吸收蘋果水分後再烘烤，
就能在保留蘋果鮮甜味道的同時烤出濃郁香氣，襯托出蘋果的酸甜滋味。

材料（方便製作的份量）

蘋果　1顆（200g）

A［細砂糖　1～2大匙
　 肉桂粉　¼小匙

B［檸檬汁　1大匙
　 香草精　少許

冷凍派皮（每邊約20㎝的四邊形）　1片

打散的蛋液　適量

卡斯特拉蛋糕（市售／切成5㎜厚的類型）　3片

細砂糖　⅓～½小匙

事前準備

・烘焙紙裁成23～25×16㎝的大小。

・烤箱預熱到200℃。

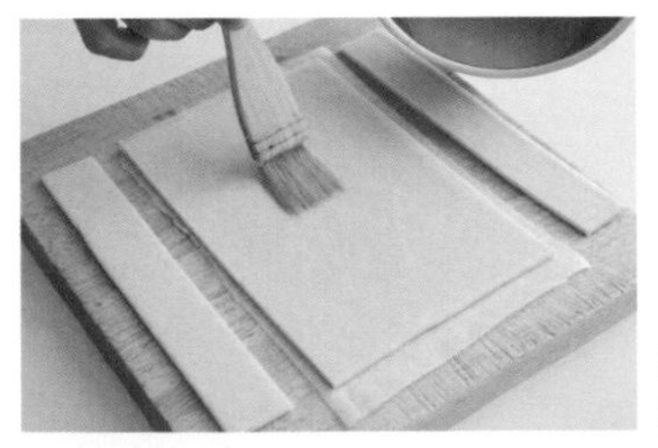

1

塗上蛋液，將疊起來的派皮黏在一起。

2

卡斯特拉蛋糕不要放在左右邊重疊的派皮上。如果蛋糕會凸出去，那就把蛋糕的邊緣切掉。

3

之所以撒上細砂糖，是為了避免蘋果烤出太多水分。

1　蘋果連皮一同切成4等份，去除果芯與種子，再接著切成2㎜厚的切片。放進鋼盆裡後，加入攪拌後的A。接著加入B，並用手輕輕攪拌，之後放置5～10分鐘讓蘋果醃泡香料。

※用手攪拌時要輕柔一點，以免蘋果裂開。

2　從冷凍庫拿出冷凍派皮，先放置30～60秒會比較好裁切。兩邊用菜刀切成3㎝寬的長條（中間寬度約為14㎝）。將14㎝的派皮放到事先裁好的烘焙紙上，表面用刷子塗上一層薄薄的蛋液（照片1）。14㎝寬的派皮左右再疊上切成3㎝寬的長條派皮，並在中間排列卡斯特拉蛋糕（照片2）。

3　將**1**的蘋果一片疊著一片般排在卡斯特拉蛋糕上。左右邊疊上去的派皮表面也用刷子塗上薄薄一層蛋液。最後把鋼盆裡剩下的醃泡液淋在蘋果上。

4　蘋果撒上細砂糖，連同烘焙紙一起放到烤盤上（照片3），並用200℃的烤箱烤25～30分鐘。烘烤後連同烘焙紙拿出來放到網架上散熱，最後再切成3～4㎝寬。

※如果在烘烤途中發現快要烤焦，可以蓋上鋁箔紙。

［總量970 kcal　製作時間45分鐘（不含冷卻時間）］

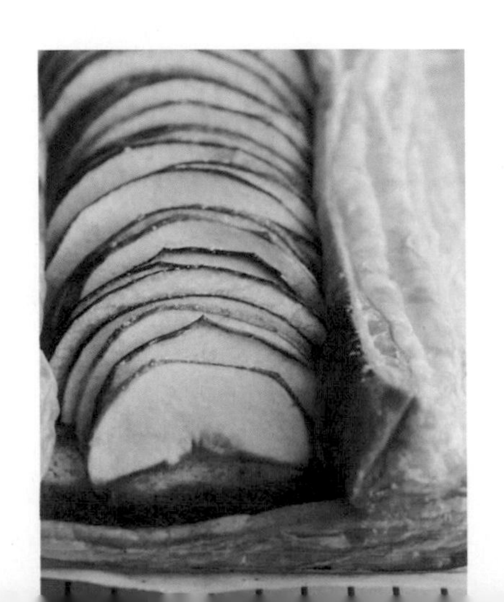

適合搭配水果甜點的茶類與咖啡

冰涼的甜點，就搭配能夠突顯水果鮮甜滋味的飲料

挑選能夠搭配甜點的飲品時，可以看甜點的味道是濃郁還是清爽，來決定茶或咖啡要泡濃一點還是淡一點。不過，如果是要搭配使用水果的甜點，就需要稍加注意。由於水果有酸味或香氣，因此就算是用了奶油而且烘烤過的甜點，如果不小心搭配上味道太濃的飲料，也會減損水果的美味。

冷涼類型的水果甜點，我比較常搭配味道淡一點的大吉嶺茶或中國茶。不論哪一種都有恰到好處的香氣，澀味也較少，能夠襯托出水果的鮮甜滋味與水潤感。如果要搭配咖啡，我會推薦酸味較柔和的冷萃咖啡，或使用中深焙咖啡豆的咖啡。

自製水果茶

當水果多到吃不完的時候，也能用來做成自製的水果茶。只要在泡淡一點的茶中放進水果的果皮或果肉悶2～3分鐘就好，做法非常簡單。選用茶香較清淡的茶，更能襯托出水果的風味。自製水果茶時，我推薦使用大吉嶺紅茶，或茉莉花茶、烏龍茶等中國茶。當然，選擇喜歡的花草茶也很不錯。我自己喜歡在加入水果的同時也加入薄荷葉，讓茶喝起來更加清爽。

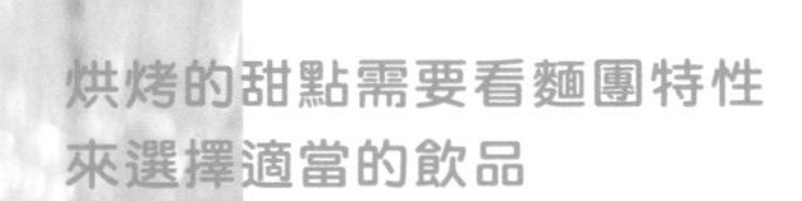

烘烤的甜點需要看麵團特性來選擇適當的飲品

若是使用水果且經過烘烤的甜點，在搭配飲品時需要注意更多面向。油感較輕的甜點可以搭配阿薩姆奶茶、花草茶、淺焙的單品咖啡，或深焙咖啡製成的咖啡歐蕾。烘焙過的小麥香與水果滋味非常相配，在想要輕鬆轉換一下心情的午茶時間，這是最美好的組合。

味道濃郁且厚重的烘烤甜點，則適合香氣華麗的茶。紅茶可選烏瓦茶或格雷伯爵茶，中國茶可選普洱茶或沖泡得較濃的茉莉花茶。強烈的茶香與水果風味會完美結合，使濃郁的蛋糕或鮮奶油味道更清爽一些。咖啡我建議選擇深焙、中深焙的巴西咖啡豆或衣索比亞咖啡豆。沖泡濃一點，可以與水果酸味和香氣取得良好平衡。

另外若想搭配日本茶，可以選擇綠茶或焙茶，只要留意別泡得太濃，可以跟任何一種水果甜點搭配，可說是相當全面的選擇。雖說喝起來不管怎樣都有種日式風味，但是若不知道該選擇什麼茶種，那麼選日本茶就絕對不會失手。

水果三明治

水果甜點工作室中最受歡迎、人氣最難撼動的，就是水果三明治。
使用包裝好的切塊水果，就能輕鬆做出珠寶盒般閃閃發亮的點心！
清爽綿柔的鮮奶油能夠襯托出水果的獨特風味。

材料（2人份）
切塊水果（或挑選自己喜歡的水果） 100～120g
調味鮮奶油
- 鮮奶油 200mℓ
- 原味優格（無糖） 2大匙
- 蜂蜜 1大匙

吐司（8片裝） 4片

事前準備
・若購買的切塊水果太大塊，可再切成約3～4cm大。

1 一開始先為鮮奶油調味。將鮮奶油放進鋼盆裡，鋼盆底放在冰水中，並用電動或手動攪拌器打到八分發（八分發請參照P.6），接著再混入優格與蜂蜜。

2 2片吐司先各自用橡膠刮刀塗抹**1**鮮奶油¼的量。接著2片吐司各排上約半量的切塊水果，再抹上剩下的鮮奶油一半的量（照片1）。最後把剩下的吐司蓋在2片吐司上，用保鮮膜緊緊包起來，放到冰箱冷藏15分鐘左右（照片2）。

3 切掉吐司邊，並用溫熱後的菜刀十字形切成4等份。

［1人份660 kcal　製作時間15分鐘
（不含放進冰箱冷藏的時間）］

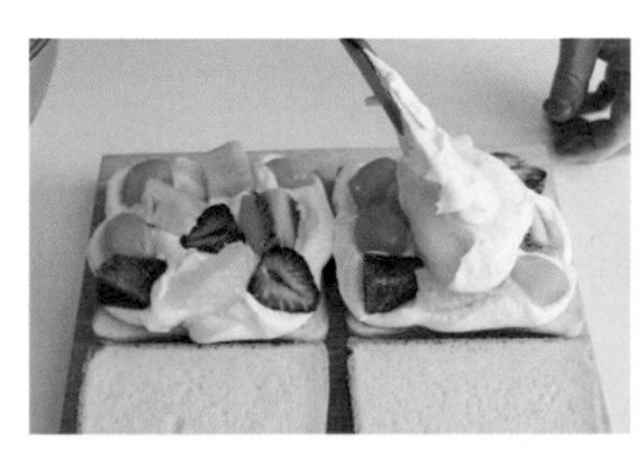

1
排列切塊水果時，可以思考怎麼排才能讓之後切4等份時，切面看起來色彩繽紛。

2
用保鮮膜包起來再冷藏，可以讓三明治整體更緊實，切的時候會更容易一些。

白酒葡萄果凍

白酒與葡萄共同譜出滋味甘美的音符。
將葡萄切成晶瑩透明的切片，能夠與Q彈的果凍結為一體，口感非常棒。
可以只用一種葡萄製作，不過用兩種顏色以上看起來會更俏麗。

材料（容量120mℓ的杯子4～5個份）
葡萄（中型／喜歡的品種） 12～15粒
白葡萄酒 200mℓ
細砂糖 50g
A［ 水 1大匙
　 吉利丁粉 4g*

＊ 也可以用1包（5g），但是會變得比較硬一點。

1 在小容器中裝入A的水，篩進吉利丁粉並放置2～3分鐘，將吉利丁泡軟。葡萄連皮直接切成1～2㎜厚的切片。如果有籽就拿掉，接著均勻放進杯子中。

2 在小鍋中加入白酒與細砂糖，用中火熬煮。待沸騰且細砂糖溶化之後就關火，加進**1**軟化後的吉利丁，用耐熱的橡膠刮刀慢慢攪拌，等吉利丁溶解，加進水200mℓ降溫並移到鋼盆裡。鋼盆底放在冰水中並不時攪拌，冷卻到產生黏糊感為止。

3 將**2**均勻且緩慢地倒進**1**的杯子中（照片所示）。最後包起保鮮膜，放到冰箱冰1～2小時，等果凍完全凝固就完成了。

[1個70 kcal 製作時間15分鐘（不含冷卻凝固的時間）]

如果果凍液倒入太快、太猛可能會產生氣泡，需要多加小心。

↵

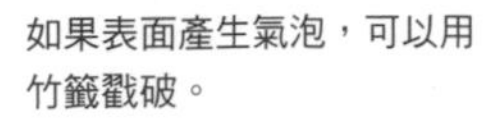

如果表面產生氣泡，可以用竹籤戳破。

糖煮無花果

將滾燙的糖煮液淋到無花果上，用餘熱入味。
半生熟的無花果會吸收糖煮液的甜味，吃起來滑順、充滿香氣。
糖煮液中也可以加進香草豆莢，增添甘甜風味。

材料（方便製作的份量）
無花果　5～6顆（500g）
糖煮液
紅葡萄酒　400mℓ
水　100mℓ
細砂糖　150g
檸檬汁　2小匙
月桂葉　1片
肉桂棒　1根

熱糖煮液均勻澆淋在無花果上，讓無花果透過熱吸收糖煮液的味道。

1　將無花果底部稍微切平，留著軸心，並將薄薄的表皮削掉，塞進耐熱的鋼盆裡。縫隙中也塞進削掉的表皮。
※加進表皮可以增添香氣，做起來顏色也比較好看。

2　在鍋中（請避免使用不耐酸的鋁鍋）放進糖煮液的材料，用中火煮到沸騰後再關火。

3　趁**2**還滾燙時，緩緩地澆淋在**1**上（照片所示）。為免無花果浮出水面，可以用較厚的紙巾（不織布製）蓋住表面。最後用保鮮膜封起來冷卻，並直接放到冰箱冷藏。
※移除表皮、月桂葉、肉桂棒後，放到乾淨的保存容器裡，無花果可以在浸泡著糖煮液的狀態下於冰箱保存4～5天。

［總量920 kcal　製作時間15分鐘
（不含所有冷卻時間）］

剩餘糖煮液的活用方法

殘留無花果風味的糖煮液可以倒進烤盤裡，放進冷凍庫冷凍。拿出來之後可以用叉子搗碎製作成「雪酪」（照片前方）。另外也可以加進吉利丁，調整到適當的硬度後等糖煮液冷卻、凝固，製作成「果凍」（照片後方）。好吃得令人想不到這是用剩下的材料做出來的甜點喔！

也可以搭配喜歡的冰淇淋口味做成甜點。

寒天無花果凍

不用豆腐模具，而是用磅蛋糕模具做出像法式凍派般的寒天果凍。
將一半的無花果搗成果醬，剩下的一半則保留無花果的形狀。
一起來享受QQ的獨特口感，以及封鎖在寒天裡的甘甜滋味吧。

材料（18×9×高6.5㎝的磅蛋糕模具1個份）
無花果　4～5顆（400g）
細砂糖　70g
紅葡萄酒（或檸檬汁）　2大匙
A［水　1½杯
　 寒天粉　1包（4g）

1　切掉無花果的軸心與底部，連著皮直接切成4～6等份。一半的量剁碎後放進鍋裡，另一半排列在模具裡，然後放進冰箱冷藏，直到使用前再取出。

2　在放進無花果的鍋裡接著加入細砂糖與紅酒，用耐熱的橡膠刮刀仔細搗碎。開中火後用橡膠刮刀一邊攪拌一邊煮，待沸騰後轉小火，維持在冒泡的沸騰狀態約2分鐘，此時同樣一邊攪拌一邊煮（照片1）。最後移到鋼盆中，等餘熱散失。

3　在小鍋中倒進A的水並篩進寒天粉，然後開中火加熱1～2分鐘。沸騰後轉成小火，在冒泡的沸騰狀態下繼續煮2分鐘。在此期間不時用攪拌器攪拌，避免寒天液黏在鍋邊而煮到燒焦。關火後直接放置1～2分鐘。
※若在沸騰後的寒天液內加入含有糖分或酸味的東西，會造成寒天液的凝固力下降，有時候甚至不會凝固，因此關火後要放置一段時間再進行後面的步驟。

4　將**3**倒進**2**的鋼盆裡並攪拌，然後立刻接著倒進**1**排列無花果的模具內（照片2）。在常溫下冷卻，凝固後再放到冰箱繼續冷藏1～2個小時。

5　將盤子倒蓋在**4**上，然後連同模具一起翻過來並用力搖晃，把寒天倒出來。最後用菜刀切成適當大小就可以享用了。

［總量490 kcal　製作時間20分鐘
（不含散熱、冷卻凝固與放到冰箱冷藏的時間）］

1
無花果加熱後會散發濃烈香氣，所以一定要細心煮過。

2
寒天與吉利丁不同，在常溫下就會凝固，因此在倒進模具時動作要快。

西洋梨焦糖蛋糕杯

這款甜點類似百匯，可以直接品嘗到多汁水潤的西洋梨。
雖然原本應該使用海綿蛋糕，但直接改用市售的卡斯特拉蛋糕更為方便簡單。
微苦而有香氣的焦糖風味能襯托出西洋梨的清甜。

材料（2～3人份）

西洋梨　1顆（200g）

焦糖
- 細砂糖　50g
- 水　1大匙
- 鮮奶油　50mℓ

卡斯特拉蛋糕（市售）　5～6片

糖漿
- 水　2大匙
- 細砂糖　1小匙
- 喜歡的利口酒（櫻桃白蘭地等／或檸檬汁）　1小匙

鮮奶油　150mℓ

杏仁切片（烘焙過的產品）　50g

趁著餘熱尚未將焦糖煮過頭前加入鮮奶油，並盡快攪拌。請小心汁液噴濺。

1　首先製作焦糖。在鍋中放入細砂糖與指定量的水，並用耐熱的橡膠刮刀攪拌，然後用中火煮到沸騰。煮到變成深棕色後關火，立刻加入鮮奶油（照片所示），再用耐熱的橡膠刮刀好好攪拌，最後直接放置冷卻。

2　西洋梨剝皮、去除果芯與種子，切成2～3cm大的細丁。卡斯特拉蛋糕也切成2～3cm大的細丁。此時也可以事先攪拌好糖漿的材料。

3　接下來製作焦糖奶油。在鋼盆裡混合**1**的半量與鮮奶油，鋼盆底放在冰水中，並用電動攪拌器的高速打到七分發（七分發請參照P.6）。

4　依照卡斯特拉蛋糕、糖漿、西洋梨、**3**的焦糖奶油、杏仁切片的順序，分成多次交互疊在杯子裡，最後在冰箱中放置1～2小時入味。要享用前再適當淋上**1**剩餘的焦糖。

[1人份710 kcal　製作時間15分鐘
（不含冷卻焦糖、放置於冰箱的時間）]

焦糖能統合整體的味道。

若還有剩下的焦糖，也能塗到吐司或淋在冰淇淋上。

甜柿優格戚風蛋糕

不使用專用模具，用烤盤就能輕鬆烤出鬆軟的戚風蛋糕。
柿子經過醃泡，一半混到麵糊中烘烤，另一半在最後用來裝飾蛋糕。
由於加入了優格，吃起來濕潤又爽口。

材料（21×16.5×高3㎝的耐熱烤盤1個份）

柿子　1顆（淨重200g）

A
- 細砂糖　1～2大匙
- 檸檬汁　少許

雞蛋　2顆

B
- 植物油　2大匙
- 原味優格（無糖）　50g
- 檸檬汁　1小匙

C
- 低筋麵粉　60g
- 泡打粉　⅓小匙

D
- 細砂糖　50g
- 鹽　¼小匙

E
- 鮮奶油　100㎖
- 細砂糖　½小匙

薑汁　1小匙

事前準備

- 蛋黃與蛋白分別裝到不同鋼盆中，蛋白在使用前都放進冰箱冷藏。
- C先混合過篩。
- 耐熱烤盤鋪上烘焙紙。
- 烤箱預熱到180℃。

1 首先製作醃泡柿子。柿子取掉蒂頭並剝皮，若有種子就去掉，然後切成2㎝大的細丁。放進鋼盆中並加入A，稍微攪拌一下。

2 用攪拌器將蛋黃仔細攪拌至發白，然後加入B繼續攪拌。接著加入篩過的C，再繼續攪拌至沒有粉狀感為止。

3 接下來製作蛋白霜。在冰涼後的蛋白中加入D並簡單攪拌過，然後再用電動攪拌器的高速打發到紋理變得細緻為止（照片1）。

4 在**2**中加入⅓量的**3**，並用攪拌器混合均勻。接著加入剩下的**3**，用橡膠刮刀仔細攪拌至看不到殘餘的蛋白霜為止。攪拌好之後倒進鋪上烘焙紙的耐熱烤盤，用橡膠刮刀（或搖晃烤盤）將表面抹平。撒上**1**的半量（照片2）後，放到烤箱的烤盤上，用180℃烤20～23分鐘。烘烤後連同烘焙紙從耐熱烤盤取出，放到網架上冷卻。最後取掉烘焙紙並切成適當大小，盛裝到容器上。

※若在烤箱烘烤時感覺快要烤焦了，可以蓋上鋁箔紙。用竹籤戳進蛋糕中心，若不會沾附生麵糊就算烘焙完成了。

5 將E放進鋼盆內，鋼盆底放在冰水中，並用電動或手動攪拌器打到七分發（七分發請參照P.6）。加進薑汁提味後，適量佐在**4**旁邊，最後再放上剩下的醃泡柿子就完成了。

［總量1460 kcal　製作時間1小時（不含冷卻時間）］

1 打發到撈起來後角的尖端會微微彎折的程度。

2 將一半的醃泡柿子均勻撒上去。

蜜柑花生奶油布朗尼

在巧克力與花生奶油的濃郁甜味中，
酸甜的蜜柑讓風味更為鮮明強烈。
蜜柑連同香氣更濃烈的皮一同切碎，並直接混到麵糊中，
然後放上薄薄的切片來裝飾。
作為內餡的花生奶油，要刻意攪拌得不均勻，
這樣才能品嘗到內餡的顆粒感與鹽味，讓美味更為簡單直接。

材料（21×16.5×高3cm的耐熱烤盤1個份）

蜜柑 （小）3顆
板狀巧克力（市售／黑巧克力） 100g
花生醬（加糖） 120g
細砂糖 40g
雞蛋 2顆
A
- 低筋麵粉 1½大匙
- 可可粉 1大匙
- 泡打粉 ½小匙

奶油花生米 30g

事前準備

・奶油花生米先切碎。
・耐熱烤盤鋪上烘焙紙。
・烤箱預熱到170℃。

蜜柑花生奶油布朗尼的做法

1

蜜柑帶皮直接切成3㎜厚的切片。切出用來裝飾的6片切片後，其餘切碎。

2

將板狀巧克力掰成小片放進鋼盆裡，再加入⅓量的花生醬。鋼盆底放在70～80℃的熱水中（隔水加熱），並用攪拌器慢慢攪拌。當巧克力融化後，就從熱水裡拿開。

5

在**4**中加入**1**切碎的蜜柑。**2**剩下的花生醬分成3～4處加入，再用橡膠刮刀攪拌3～4次。

※花生醬分成多塊加在鋼盆中，攪拌時就容易出現結塊、不均勻的情況，這樣可以品嘗到與攪拌均勻的部分不同的口感。

6

將**5**倒進鋪上烘焙紙的烤盤中，並將表面抹平。

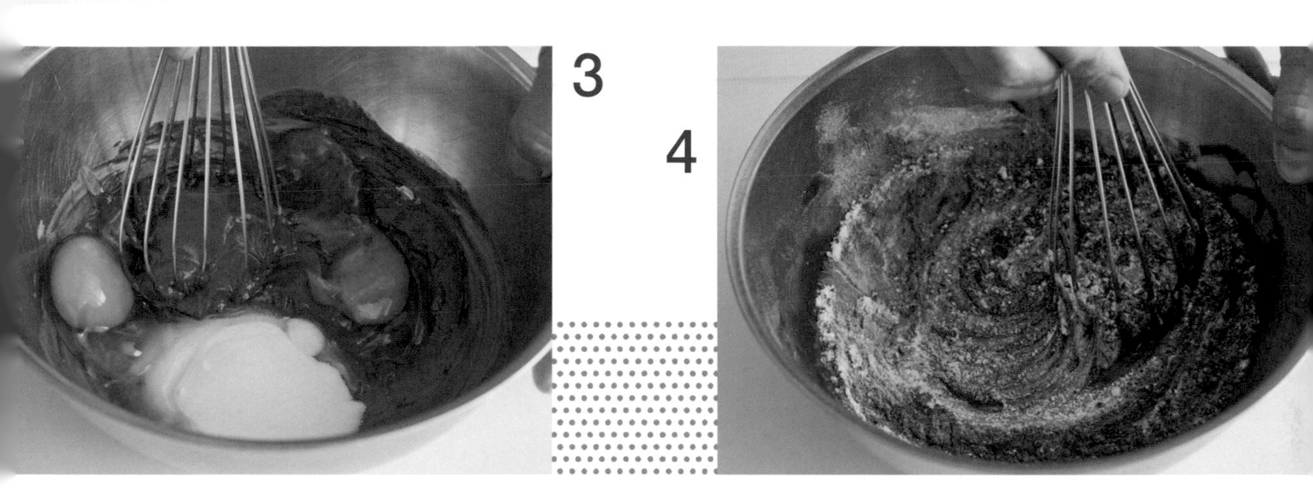

3

在**2**中加入細砂糖與蛋，仔細攪拌。

4

在**3**中加入A，並攪拌到沒有粉狀感為止。

7

6的表面撒上切碎的奶油花生米，並排列裝飾用的蜜柑切片。放到烤箱的烤盤上送進烤箱後，用170℃烤25～30分鐘，最後連同烤盤一起放到網架上冷卻。

[總量1970 kcal　製作時間1小時（不含冷卻時間）]

蜜柑奶茶風味蒸糕

即使是樸素的風味蒸糕，只要用海綿蛋糕的模具來做，也能做出整個圓形蛋糕的華麗感。
醇厚的奶茶香與蜜柑的爽口清甜非常相配。
關鍵在於將紅茶煮濃並讓水分蒸發後，再加進麵團。

材料（直徑15㎝的海綿蛋糕模具1個份）

蜜柑　（小）2顆
紅茶葉（推薦用格雷伯爵茶）*1　5g
A
- 牛奶　50㎖
- 煉乳（或砂糖）　2大匙

植物油　50㎖
B
- 雞蛋　3顆
- 細砂糖（或砂糖）　90g

C
- 低筋麵粉　150g
- 泡打粉　2小匙
- 小蘇打粉（食用級）*2　1小匙
- 鹽　1撮（1g）

＊1　也可用2個茶包代替。
＊2　加入小蘇打粉後，就算冷掉了也能長時間保持Q彈口感。
若沒有小蘇打粉，可以將泡打粉增加至2½小匙。

事前準備
- C先混在一起並篩過。
- 烘焙紙裁切成25㎝的正方形，準確鋪在海綿蛋糕模具中。

1　蜜柑剝皮後簡單去除白絲。薄皮不用剝掉，直接橫切成3〜5㎜厚的切片。

2　在小鍋中加入2大匙水，用中火煮到沸騰後關火。加進紅茶葉後蓋上蓋子，悶3分鐘。當紅茶葉展開來後加進A，開中火煮。沸騰後將火力轉弱，繼續煮5分鐘（照片1）。

3　把漏勺放在鋼盆上，並鋪上一層厚紙巾（不織布型），然後將**2**倒進去。用紙巾包住茶葉，再從上面用橡膠刮刀擠壓，將汁液擠出來並過濾。鋼盆中加入植物油，並用攪拌器攪拌。當油乳化成濃稠狀後，依順序加入B並仔細攪拌。最後加入篩過的C，攪拌到沒有粉狀感為止。
※當油不會浮在表面，而是呈現與液體均勻混合的狀態，就算是乳化完成了。

4　將**3**麵團一半的量倒進鋪好烘焙紙的海綿蛋糕模具，然後將**1**一半的量排成一圈，並空出中央的空間（照片2）。接著再倒進剩下的**3**，然後同樣將剩下的**1**排成一圈。放進能用蒸氣烹煮食物的蒸鍋或蒸籠後，用強火蒸煮5分鐘，接著轉中火繼續蒸40〜50分鐘。
※開始蒸煮後的10分鐘內不要打開蓋子；如果不小心打開蓋子，麵團就不會膨脹，而且會出現苦味。另外，若途中蒸鍋的水不夠，可以適量添加。用竹籤戳麵團中心，不會沾附生麵團的話就算蒸煮完成了。

［總量1800 kcal　製作時間1小時10分鐘］

1
煮到水分變少，可以在鍋底畫線的濃稠度。

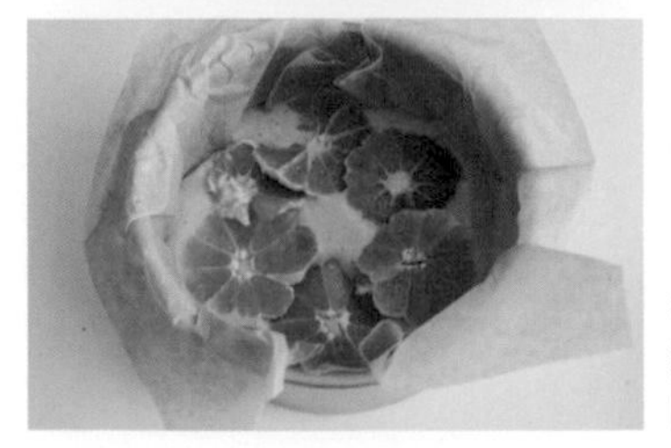
2
若蜜柑排到中央，會使麵團膨脹的狀況變差，因此中央要留出空隙。

鬆軟又Q彈！

蜜柑義式奶酪

這是吃起來滿口奶香與蜜柑酸甜滋味的義式奶酪。
吉利丁不用水，而是用牛奶泡軟，
並用與柑橘非常相配的白巧克力來增添濃醇風味。

材料（直徑7×高6㎝，容量150㎖的布丁模具4個份）
蜜柑　（小）3顆
牛奶　50㎖
吉利丁粉　1包（5g）
板狀巧克力（市售／白巧克力）　1片（40g）
鮮奶油　200㎖
細砂糖　1大匙

1 在小容器裡放進牛奶，並篩入吉利丁粉，放置2～3分鐘將吉利丁泡軟。

2 蜜柑剝皮並除去白絲，切出4片約3㎜厚的切片，放入布丁模具的底部（照片1）。剩下的蜜柑榨成果汁，並取出其中60㎖。板狀巧克力大致切成3㎝大小的正方形。

3 鍋中放入鮮奶油，開中火煮，煮到沸騰冒泡後關火。依順序加入細砂糖、巧克力，再用攪拌器仔細攪拌。當巧克力完全融化後，加進**1**泡軟的吉利丁並混合攪拌。最後再加入**2**的果汁並攪拌（照片2）。

4 把漏勺放在鋼盆上，過濾**3**。鋼盆底放在冰水中，用橡膠刮刀一邊攪拌，一邊冷卻到產生濃稠感為止。最後均勻倒進**2**的模具裡，放到冰箱中1～2小時等待凝固。
※想要品嘗時，可以在模具中倒進溫水到模具口，泡10～20秒，或將盤子蓋在模具上倒扣模具，用力搖晃2～3次，將奶酪從模具中取出。

[1個320 kcal　製作時間30分鐘
（不含冷卻凝固的時間）]

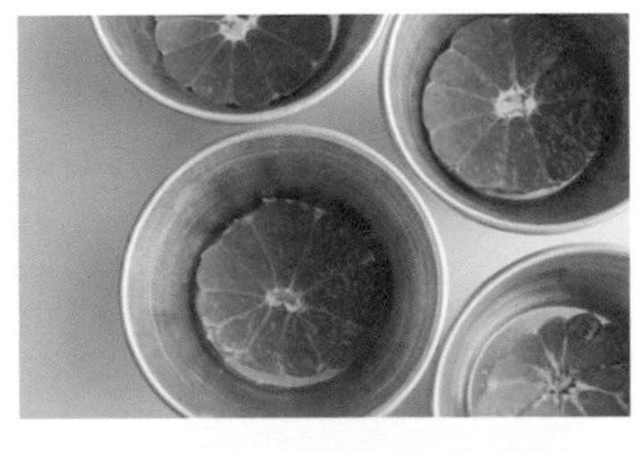

1
蜜柑要選擇與模具底徑差不多大小的切片放進去。

2
為了避免果汁的香氣散發掉，要在最後才加進果汁。

甜煮金柑費南雪

將金柑放進含有白酒的糖漿裡，做成西式的甜煮金柑，並當成費南雪的內餡。
用瑪芬的模具代替專用模具來烘烤，圓滾滾的外形看起來可愛又迷人。
口感濕潤的麵團中，加入與金柑味道相配的黑芝麻粉。
如何加熱帶著微苦風味的焦化奶油，是這道甜點的最大關鍵。
若甜煮金柑多做一些，還能用在「金柑貝涅餅」(參照P.62)。

材料（直徑6×高3㎝的瑪芬模具*6個份）

蛋白　2顆份（80g）
砂糖　80g
A
- 杏仁果粉　40g
- 低筋麵粉　50g
- 芝麻粉（黑）　2大匙

奶油（焦化奶油用／無鹽）　80g
甜煮金柑（參照P.61）　12～18片
奶油（模具用／無鹽）　適量

＊ 也可以使用市售耐油、耐熱且能站立的厚紙杯來代替模具。

事前準備

・瑪芬模具先塗上厚厚一層模具用的奶油。
・烤箱預熱到190℃。

甜煮金柑費南雪的做法

鋼盆中放進蛋白與砂糖，用攪拌器攪拌至稍微發白起泡。接著依順序加入A，並攪拌到沒有粉狀感為止。

接下來製作焦化奶油。在小鍋中放進奶油，並用小火煮。完全融化後轉成較弱的中火繼續煮到沸騰。途中要用洗乾淨的攪拌器不斷攪拌，並熬煮到變成茶褐色為止。

※由於奶油在變色後很快就會轉為茶褐色，因此要小心不能煮過頭，使奶油燒焦變黑。若不放心的話，可以在變成焦糖色時就關火，一邊攪拌一邊用餘熱繼續煮到變茶褐色就好。

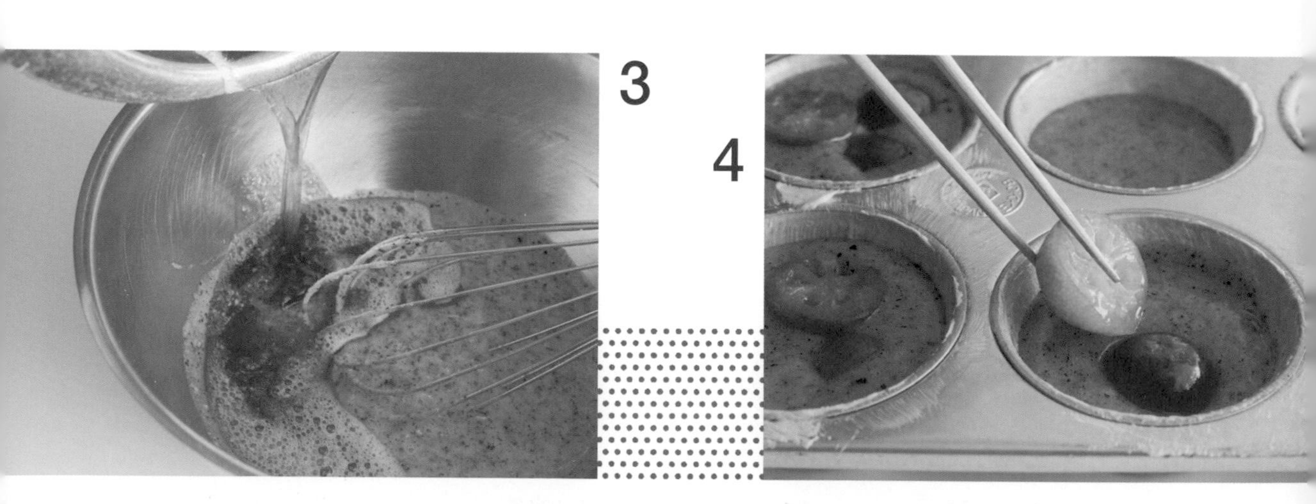

立刻將**2**的焦化奶油加進**1**，並盡快用攪拌器混合均勻。

用湯匙或圓勺將**3**均勻地撈進塗好奶油的模具裡。每個模具的麵糊中心都塞入2～3塊已經去除多餘水分的甜煮金柑。用190℃的烤箱烘烤22～25分鐘後，從模具中取出並放到網架上冷卻。

※可用竹籤插進麵糊中心，若不會沾取生麵糊就是烘焙完成了。

[1個280 kcal　製作時間40分鐘（不含冷卻時間）]

甜煮金柑

這個做法可在保留金柑獨特風味的同時，添加清爽的甘甜滋味。
除了用在甜點中，也可以直接當作小點心。

材料（方便製作的份量）
金柑　200g
糖漿
細砂糖*　70g
白葡萄酒（或檸檬汁）　2大匙
水　50mℓ

＊ 用砂糖60g來代替也可以，不過細砂糖能帶出更清爽的餘味。

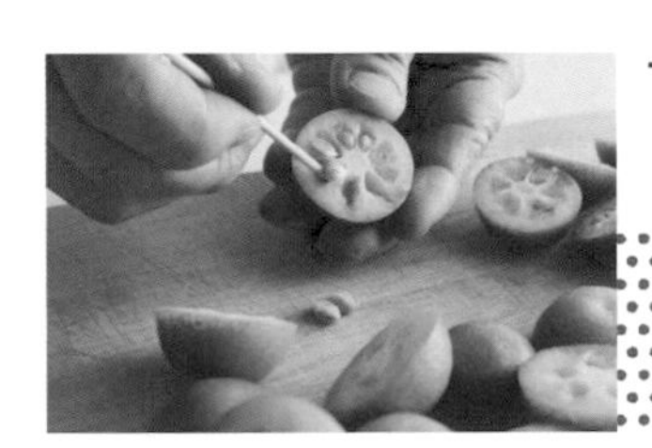

1

金柑攔腰切對半，並用竹籤去掉種子。

2

把糖漿材料放進鍋裡，用中火煮到沸騰，沸騰後再多煮1分鐘將酒精揮發。接著加進金柑，再次煮到沸騰後轉成小火。為避免金柑浮出水面，要蓋上厚紙巾（不織布型）或烘焙紙，煮8～10分鐘。

3

當金柑邊緣變成半透明後關火，直接放置冷卻。

※連同糖漿一起放進乾淨的保存容器內，可在冰箱中保存約1個星期。

[總量410 kcal　製作時間30分鐘（不含冷卻時間）]

金柑貝涅餅

貝涅餅類似甜甜圈，是在法國與美國相當有人氣的油炸甜食。
經酵母發酵過的麵團，在有著酥脆、鬆軟口感的同時，
也保有Q彈的嚼勁，吃起來相當有份量。
將甜煮金柑切碎後混到麵團中，能增添清爽甘甜的香氣。
甜煮金柑也能代替醬汁，與貝涅餅一同享用更是美味。
剛炸好的時候自不用說，就算冷了也很好吃。

材料（9個份）

甜煮金柑（參照P.61）（連同糖漿）1杯左右

A
- 牛奶　50mℓ
- 鹽　1撮（1g）
- 打散的蛋液　½顆份
- 奶油（無鹽）　15g
- 甜煮金柑（參照P.61）（去除多餘水分）30g
- 高筋麵粉　100g
- 低筋麵粉　50g
- 乾酵母　½小匙

高筋麵粉（手粉用）　適量
植物油　適量
糖粉　適量
鮮奶油　適量

事前準備

・牛奶放進耐熱容器中，不蓋保鮮膜，直接用微波爐（600W）加熱20秒。
・奶油放進小鍋，用中火煮到融化（融化奶油）。
・A的甜煮金柑先切成碎末。

金柑貝涅餅的做法

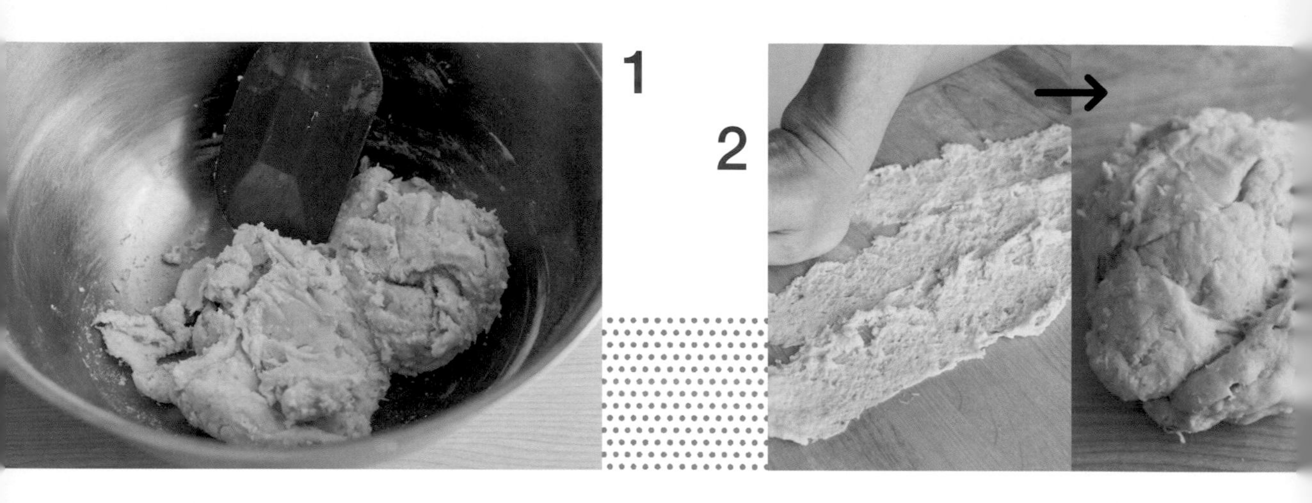

1

將A放進鋼盆中，用橡膠刮刀攪拌到沒有粉狀感為止。

2

取到作業台上，用手掌根部將麵團往自己的前方推展開，讓麵團保持均衡的硬度。若感覺麵團快黏在作業台上，可以像照片右方這樣揉成一團。

5

麵團表面撒上手粉，然後把鋼盆倒蓋在作業台上，將麵團倒出來。手也撒上手粉，接著輕壓麵團表面，將膨脹的麵團壓平。最後把麵團外形調整為1.5㎝厚、邊長大約為15㎝的正方形。

6

用菜刀把**5**切成9等份的正方形，每份邊長約為4～5㎝。

3

用雙手將麵團舉起，再往下摔到台上反覆約50次，讓麵團表面變得像照片右方那樣平滑。

4

當麵團表面變得圓潤飽滿時，就重新放回鋼盆中。用擰乾的濕毛巾蓋在鋼盆上，在常溫下放置約1小時，麵團會發酵膨脹到約2倍的大小。

7

鍋中倒進植物油5～6㎝深，並用中火加熱到180℃，接著放進**6**。經過約1分鐘後，把麵團上下翻過來繼續炸1分鐘。如果此時還沒炸出黃褐色的色澤，就繼續炸20～30秒。炸好後取到網上將油瀝掉，再擺放到盤子上。最後可以撒上糖粉，並淋上甜煮金柑與糖漿。也可以視喜好佐上八分發的鮮奶油（八分發請參照P.6）。

［1個170 kcal　製作時間30分鐘
（不含發酵時間）］

手作柑橘糖漿與水果飲品

只要先做好自製糖漿，就能輕鬆享用水果甜點店常見的飲品。

柚子糖漿

檸檬糖漿

材料（方便製作的份量）

日本柚子（香橙） 4顆（300～400g）

A
- 蜂蜜 200g（柚子重量的約55%）
- 細砂糖 140g（柚子重量的約40%）

1 柚子去掉蒂頭，連著皮直接由上往下切成一半，將種子清除後再橫切成5㎜厚的切片。

2 放進乾淨的玻璃瓶罐裡（瓶口不會太大的類型），然後再加進A。封蓋後放置於常溫中約1個星期。每天稍微搖晃瓶子1～2次，讓材料可以均勻混合。

[整罐1330 kcal 製作時間10分鐘
（不含放置於常溫中的時間）]

飲用期（2者共通）／約1週後開始。
保存期限（2者共通）／常溫下1～2個月內。

材料（方便製作的份量）

檸檬（日本產） 3顆（400～450g）

A
- 細砂糖 350g（檸檬重量的約85%）
- 蜂蜜 2大匙（42g／檸檬重量的約10%）
- 喜歡的香料（如迷迭香等／選擇性使用） 適量
- 香草莢（選擇性使用） 1根

1 檸檬帶皮直接切成2㎜厚的切片。

2 與左邊「柚子糖漿」的做法**2**相同。

[整罐1710 kcal 製作時間10分鐘
（不含放置於常溫中的時間）]

柚子糖漿

柚子糖漿是韓國的傳統茶「柚子茶」的基本原料。柚子無論皮還是果肉都能直接醃泡成柚子糖漿。

柚子茶

只要用熱水沖泡，便能輕鬆又簡單地泡出柚子茶。

材料（1人份）與做法

挖2大匙柚子糖漿（參照P.66）放進耐熱的杯子裡，接著沖進熱水到杯子¾滿，攪拌一下就完成了。

柚子優酪乳

這是也很適合當作早餐的優酪乳飲品。

材料（1人份）與做法

在果汁機中放入3大匙柚子糖漿（參照P.66）、¼杯原味優格（無糖）、80mℓ牛奶，攪拌後倒進杯子就完成了。

檸檬糖漿

若在檸檬糖漿裡加進香料或香草莢，香氣與酸味會變得更加圓潤飽滿。

檸檬水

檸檬的香氣與酸味讓人喝起來神清氣爽。

材料（1人份）與做法

在耐熱的杯子裡放入3大匙檸檬糖漿（參照P.66）與浸在糖漿中的檸檬切片1～2片。注入熱水到杯子¾滿再攪拌一下就完成了。

檸檬汽水

手作的檸檬汽水還能自己調整甜度。

材料（1人份）與做法

在杯子裡放進¼杯檸檬糖漿（參照P.66）與浸在糖漿中的檸檬切片2～3片，接著倒進120mℓ汽水，再攪拌一下就完成了。

柳橙卡斯特拉布丁

這是做法簡單的布丁，讓卡斯特拉蛋糕吸收散發柳橙香氣的蛋液就完成了。
表面香脆，裡頭的口感卻濕潤綿柔。
不論是熱熱吃還是放涼再吃都很好吃。

材料（容量600～700㎖的焗烤盤1個份）

臍橙（日本產）[*1]　（小）2顆（約300g）

A
- 雞蛋　1顆
- 細砂糖　2小匙
- 原味優格（無糖）　50g
- 鮮奶油[*2]　50㎖

卡斯特拉蛋糕（市售）　6片

奶油（無鹽）　少許

肉桂粉　適量

＊1　其他日本產的品種如清見、Haruka、不知火也都可以。甜味較酸味明顯的柳橙更為合適。

＊2　若沒有的話將原味優格（無糖）增加至100g也可以。

事前準備

・焗烤盤先塗上一層薄薄的奶油。

・烤箱預熱到220℃。

1　臍橙用檸檬刨絲器或一般的刨刀，將果皮上橘色的部分刨下來。剩下的皮用菜刀切掉，然後切出5片2～3㎜厚的果肉切片，並再切成半月形。接著把漏勺放在鋼盆上，將其餘果肉榨成果汁，最後再將漏勺拿開。

2　在放進**1**果汁的鋼盆裡加入A，並用攪拌器仔細攪拌。接著把**1**刨下來的果皮加進去，繼續攪拌到均勻（照片1）。

3　卡斯特拉蛋糕沿對角線切成2個三角形，然後排列在塗好奶油的焗烤盤中，並將**2**均勻淋在所有蛋糕上（照片2）。接著撒上**1**切成半月形的果肉，並放上烤盤，用220℃烤箱烘烤10～12分鐘，直到柳橙表面烤出烤色為止。最後依喜好撒上肉桂粉。

［總量1410 kcal　製作時間30分鐘］

1

在含有果汁的蛋液中加入柳橙果皮，增添香氣。

2

將蛋液均勻淋在卡斯特拉蛋糕上，讓蛋糕吸收蛋液。

葡萄柚迷迭香鮮奶慕斯

葡萄柚與迷迭香可說是完美的組合搭配。
果肉與葉子一同醃漬，可以當作綿柔的鮮奶慕斯最佳的佐料。
若在鮮奶慕斯中添入迷迭香，還能讓香氣更為飽滿、更有一體感。

材料（容量180mℓ的玻璃杯4個份）
蜂蜜漬葡萄柚（方便製作的份量）
- 葡萄柚　1顆
- 蜂蜜　2小匙
- 迷迭香（新鮮）葉片　少許

鮮奶油　150mℓ
牛奶　200mℓ
吉利丁粉　1包（5g）
迷迭香（新鮮）　1根
細砂糖　40g

1. 首先製作蜂蜜漬葡萄柚。將葡萄柚上下的皮用菜刀切掉1㎝，再將側面的皮削掉。接著用菜刀將果肉從果瓣中取出，撕成一口的大小並放進鋼盆裡。加入蜂蜜與迷迭香葉片簡單攪拌後就放進冰箱冷藏，要使用時再拿出來。

2. 在其他鋼盆裡加入鮮奶油，鋼盆底泡在冰水中，用電動或手動攪拌器打發到七分發（七分發請參照P.6）後放進冰箱冷藏，使用前再取出。

3. 在本次份量的牛奶中撈2大匙牛奶放到小容器裡，並篩進吉利丁粉放置2～3分鐘，軟化吉利丁。

4. 在小鍋裡加入剩下的牛奶、迷迭香與細砂糖，並用橡膠刮刀稍微攪拌後用中火加熱。沸騰後加蓋並關火，直接放置10分鐘（照片1）。

5. 從**4**的鍋子裡取出迷迭香，然後加進**3**軟化後的吉利丁並攪拌。鍋底泡在冰水中，慢慢用橡膠刮刀攪拌到產生黏稠感為止（照片2）。

6. 在**2**中加進**5**，並用攪拌器快速攪拌均勻。接著等量倒進玻璃杯中，並放進冰箱2～3個小時，冷卻到完全凝固。最後適量放上**1**就完成了。

［1個260 kcal　製作時間30分鐘
（不含冷卻凝固的時間）］

1
加蓋後直接放置10分鐘，讓迷迭香的香味滲進牛奶裡。

2
若黏稠到能用橡膠刮刀畫出線條就可以了。

卡士達烤鳳梨

將原本卡士達醬中的牛奶，改為使用鳳梨的果泥，吃起來更為清爽。
為了充分搭配焦糖烤鳳梨帶著微苦的甜味，
需要做成如同卡士達布丁般充滿彈性的口感。

材料（方便製作的份量）
鳳梨（果泥用／新鮮／切片） 200g
蛋黃 2顆份
細砂糖 2大匙
低筋麵粉 30g
奶油（無鹽） 5g
焦糖烤鳳梨
- 鳳梨（新鮮／切片） 200g
- 奶油（無鹽） 10g
- 細砂糖 1大匙

1. 將果泥用的鳳梨放進果汁機內，攪打至泥狀。焦糖烤鳳梨的鳳梨則切成3㎝寬、5㎜厚。
2. 鋼盆裡放進蛋黃，用攪拌器打散，再加入細砂糖攪拌到發白為止。接著加入低筋麵粉，攪拌到沒有粉狀感。最後加入**1**的鳳梨果泥並攪拌均勻。
3. 把**2**放進鍋中以中火加熱，同時不間斷地用攪拌器攪拌。沸騰且逐漸凝固後轉為小火，仔細攪拌。當麵糊攪拌到變得滑順時，繼續加熱2分鐘並不斷攪拌。最後關火，加進奶油並攪拌均勻（照片1）。
4. 將**3**移到烤盤上，並用保鮮膜緊緊地密封起來。保鮮膜上放上保冷劑，讓麵糊溫度急速下降（照片2）。
5. 接下來製作焦糖烤鳳梨。首先把**1**切片好的鳳梨放進平底鍋，用中火煎，並用夾子之類的工具不斷翻面。兩面都煎出烤色後，依順序加入奶油、細砂糖，並用耐熱的橡膠刮刀讓鳳梨均勻地沾附焦糖，再將鳳梨取出。
6. **4**冷卻後放到砧板上，切成適當的大小。最後擺放到盤子上，並放上焦糖烤鳳梨就完成了。

［總量710 kcal　製作時間30分鐘
（不含急速冷卻的時間）］

1
先長時間加熱，讓蛋的風味濃縮之後，再將奶油加進去。

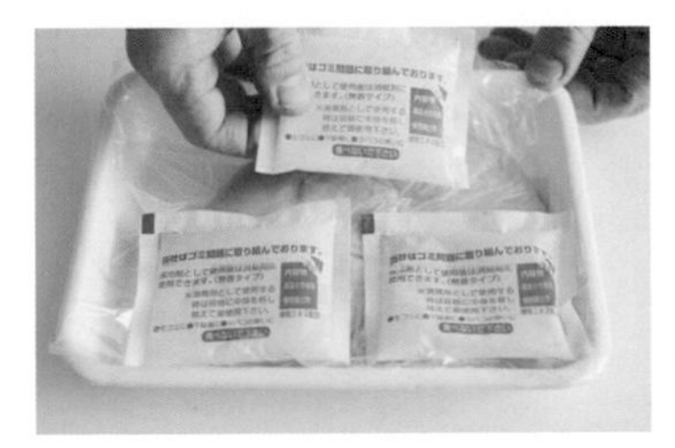

2
由於緩慢冷卻可能會使麵糊走味，因此一定要急速冷卻。

奇異果奶油乳酪冰棒

切成圓片的奇異果就像綻放在冰棒上的花朵般，非常吸睛。
混入優格的奶油乳酪冰棒吃起來清爽又不甜膩，
還能吃到奇異果獨特的酸甜滋味。

材料（22.5×11.8×高11.5cm的冰棒型模具6支份）

奇異果　2顆
細砂糖　3大匙
奶油乳酪冰棒
- 奶油乳酪　150g
- 原味優格（無糖）　100g
- 細砂糖　3～4大匙*

＊ 視奇異果的甜度調整。如果想做成一般市售冰淇淋的甜度，4大匙是標準。

事前準備

・ 奶油乳酪回復至常溫，或放進耐熱容器裡並包上保鮮膜，再用微波爐（600W）加熱50～60秒軟化。

切片的奇異果排成上下2片，貼在模具的側面。

1 先將奇異果剝皮，接著切出非常薄的圓形切片（大約為1㎜厚）共12片。切片排列在冰棒模具其中一側的側面，每個模具各排2片（照片）。

2 剩餘的奇異果磨成泥，放進鋼盆中並加入細砂糖，用橡膠刮刀攪拌。

3 在其他鋼盆裡放進奶油乳酪冰棒的材料，用攪拌器攪拌均勻。接著用湯匙將攪拌好的材料舀進**1**的模具裡直到一半的高度。

4 在**3**的每個模具裡加入1大匙多的**2**。接著將模具輕輕地敲在作業台上數次，讓模具裡的材料能夠填滿到模具的尖端，然後把蓋子蓋起來。最後插入木棒，放到冰箱冷凍3個小時以上。

[1支170 kcal　製作時間15分鐘（不含冷凍的時間）]

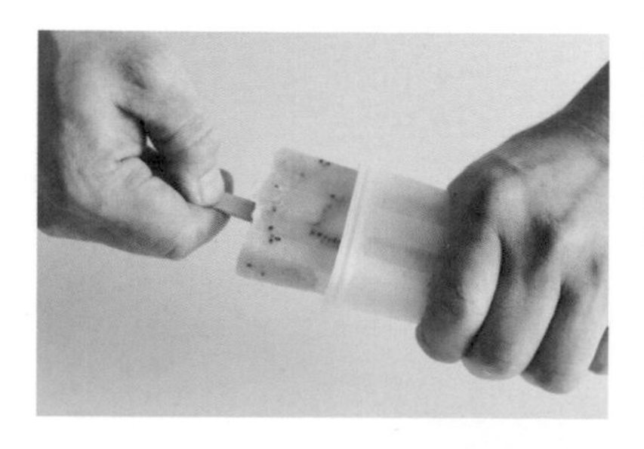

脫模的方法

先在常溫下放置30～60秒，然後捏緊木棒從模具中抽出，就能漂亮地將冰棒取出來了。

如果沒有冰棒型模具

迷你尺寸的紙杯也能代替模具。切片的奇異果鋪在紙杯的底部，並按照順序加入奶油乳酪、磨成泥的奇異果，最後插進杯裝冰淇淋用的短木匙，放到冷凍庫冷凍。想要吃的時候就在紙杯上割出缺口，把紙杯撕開即可。

哈密瓜杏仁豆腐

多汁的哈密瓜與醇厚的牛奶味道非常搭。
糖漿做成甜度較低的「微甜」，
就能襯托出哈密瓜的水潤甘甜與杏仁豆腐的清爽風味。

材料（3～4人份）
哈密瓜（切塊）（淨重）200g
糖漿
- 水　150mℓ
- 細砂糖　3大匙

杏仁豆腐
- 水　100mℓ
- 吉利丁粉　2包（10g）
- 牛奶　300mℓ
- 細砂糖　2大匙
- 煉乳*　1大匙
- 杏仁精　2～3滴

薄荷葉（新鮮）　適量

*若不使用煉乳，則將杏仁豆腐的細砂糖增加至3大匙。

1　鋼盆中放入糖漿材料，用攪拌器攪拌均勻，讓細砂糖溶解，然後放到冰箱冷藏，直到使用前再取出。

2　接下來製作杏仁豆腐。先在小容器裡放進材料中的水，然後篩進吉利丁粉並放置3分鐘，軟化吉利丁。另取一個鍋子加入牛奶、細砂糖與煉乳，用中火加熱，並用攪拌器一邊煮一邊慢慢攪拌。當熱氣升騰、鍋子內側開始冒泡後就關火，加入軟化的吉利丁，慢慢地攪拌讓吉利丁溶解。並在此時滴入杏仁精（照片1）。

3　在鐵盤或烤盤（25×20cm左右）上放置篩網，倒進並過濾**2**（照片2）。待餘熱散失後，放到冰箱冷卻凝固2小時。哈密瓜切成1.5～2cm的小丁，與薄荷葉一起加進**1**的糖漿中。

4　**3**的杏仁豆腐凝固後，用菜刀切成1.5～2cm的小丁，最後加進**3**的糖漿裡，簡單拌一下整個鋼盆裡的哈密瓜與豆腐就完成了。

[1人份160kcal　製作時間30分鐘（不含等待杏仁豆腐散熱，及放到冰箱凝固的時間）]

1

其實本來應使用杏仁霜*，不過這裡用香氣相似的杏仁精代替。

*杏實的果仁所磨的粉。一般零嘴所吃到的杏仁果或杏仁精所指的杏仁實際上為「扁桃」，而非杏實。

2

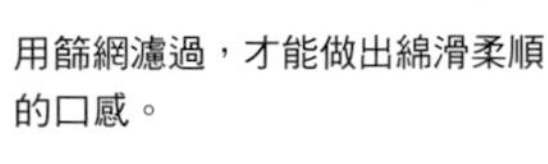

用篩網濾過，才能做出綿滑柔順的口感。

哈密瓜卡士達冰淇淋

卡士達醬的柔和甜味配上哈密瓜華麗的香氣，交織出迷人的風味。
使用冷凍用保鮮袋來冷凍，做起來不僅輕鬆，也無需擔心保存空間。
關鍵是哈密瓜要在卡士達冰淇淋快要結凍時加進去。

材料（方便製作的份量）

哈密瓜（紅肉／已熟）[*1]
（小）約½顆（淨重200g）
細砂糖　適量
A［蛋黃　2顆份
　細砂糖　40g］
牛奶　150mℓ
鮮奶油[*2]　100mℓ
香草精（選擇性使用）　1～2滴

＊1　也可以使用綠肉哈密瓜製作。
＊2　放在冰箱冷藏，要用時再拿出來。

1 哈密瓜去籽，切下果肉後再切成2㎝大小的丁狀。如果覺得不夠甜，可以再混進細砂糖拌一下，調整成喜歡的甜度。接著放進冰箱冷藏，直到使用前才取出。

2 鋼盆裡放進A，用攪拌器攪打到發白。接著在鍋裡放進牛奶，用中火加熱到快要沸騰，然後倒進鋼盆裡與A攪拌在一起。

3 把**2**倒回鍋中，用較弱的中火煮，然後不斷用耐熱的橡膠刮刀慢慢攪拌，避免燒焦。產生黏稠感時（照片1）便可以關火。

4 鍋底放在冰水中，加進鮮奶油與香草精混拌在一起。冷卻後放進冷凍用保鮮袋（M號尺寸），擠出空氣後密封，再放進冷凍庫1～2小時。在快要結凍時取出，打開袋口把**1**的哈密瓜加進去。

5 封起袋口，接著用戴上手套的手隔著袋子揉捏整塊冰淇淋，並把哈密瓜捏碎（照片2），之後再重新放回冷凍庫裡4～5小時，讓冰淇淋完全結凍。最後在常溫下放置1～2分鐘後，就可以用冰淇淋勺或湯匙挖到容器中享用了。
※如果直接用手揉捏，可能會因為體溫使冰淇淋快速融化，因此揉捏時最好戴上手套。

［總量900 kcal　製作時間20分鐘
（不含冷卻及冰凍的時間）］

1

可以用耐熱的橡膠刮刀撈起來看看，如果黏稠到可以用手指在刮刀上畫出線就可以了（但請小心不要燙傷）。

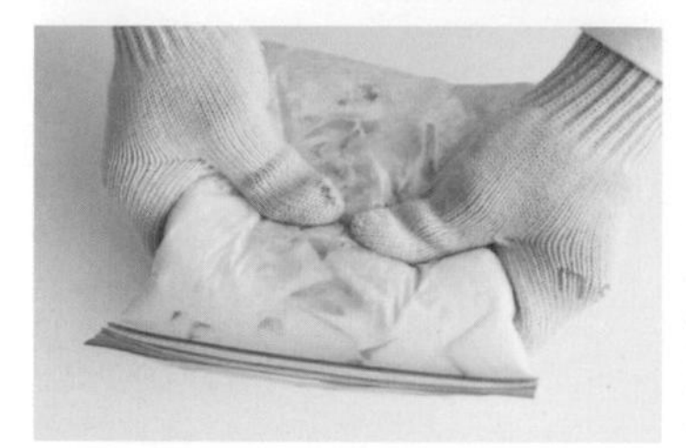

2

等到卡士達冰淇淋快結凍時再加進哈密瓜，不僅不會變得水水的，完成後哈密瓜也可以保持一定柔軟度。

西瓜雪酪

西瓜不要壓得太碎，保留果肉的口感，吃起來更有西瓜的清甜風味。
檸檬汁也可替換成白酒或利口酒。
用來當作西瓜籽的巧克力，微苦的甜味增添了味道的層次。

材料（21×16.5×高3㎝的耐熱烤盤1個份）

西瓜　⅛顆（500～600g）

A
- 細砂糖　30g
- 檸檬汁　2小匙
- 蜂蜜　1小匙

喜歡的板狀巧克力（市售）　適量

1 西瓜削掉果皮，並切成4～5㎝的塊狀，用叉子去掉西瓜籽。接著測量重量，將350～400g的西瓜放進鋼盆中，加入A。用叉子背面壓成碎塊後，攪拌整個鋼盆內的材料（照片1）。

2 倒進烤盤中，將表面壓平，再蓋上保鮮膜放進冷凍庫1小時30分～2小時。結凍到一半時先暫時取出，用叉子攪拌整塊冰（照片2）。接著再次壓平表面，蓋上保鮮膜，放進冷凍庫冰3～4小時。

3 完全結凍後，用叉子攪碎。最後盛進容器裡，撒上搗碎的板狀巧克力。

[總量330 kcal　製作時間15分鐘
（不含冷凍時間）]

1

將西瓜壓碎到大約2～3㎝大，幾乎都泡在果汁裡面即可。

2

若在完全結凍前攪碎，讓冰塊含入空氣，吃起來口感會更好。

西瓜白玉湯圓佐蘭姆黑糖漿

西瓜沙脆的口感跟黑糖糖漿醇厚的甜味是絕配。
這個食譜中的白玉湯圓滑順又Q彈，味道清雅、口感絕佳。
香草冰淇淋也可用市售的紅豆餡代替，做成餡蜜風格的甜點。

材料（3～4人份）

西瓜（切塊）（淨重）250～300g

蘭姆黑糖糖漿（方便製作的份量）

- 黑糖（粉狀） 100g
- 水 80mℓ
- 蘭姆酒（黑） 2小匙

A
- 白玉粉 50g
- 水 50mℓ

香草冰淇淋（市售） 適量

1 首先製作蘭姆黑糖糖漿。在小鍋裡放入黑糖與材料中的水，再用耐熱橡膠刮刀攪拌，然後開中火加熱。沸騰後若出現雜質，就仔細地將雜質撈掉，然後轉小火再煮5分鐘。最後加進蘭姆酒並關火，放置到冷卻。

2 鋼盆裡放進A，用手攪拌。攪拌均勻後仔細揉捏到如同耳垂般的硬度（照片1）。接著表面緊緊地蓋上保鮮膜，放進冰箱30分鐘。

3 把**2**揉成直徑2.5cm的圓筒狀，再用菜刀切成2cm寬。每塊都搓成圓形，並在正中間輕輕壓出一個凹陷（照片2)。白玉湯圓總共能做出約20粒。

4 取一個鍋子煮沸足量的熱水，將**3**的白玉湯圓放進去，用較弱的中火煮熟。當所有白玉湯圓都浮到表面，並過了30～60秒後，就用網勺撈起來泡到冰水中冷卻。

5 西瓜切成3cm左右的塊狀，如果籽太多就去籽。**4**濾掉多餘的水分後，與西瓜一同盛放到容器中。最後用冰淇淋勺挖香草冰淇淋放上去，再淋上蘭姆黑糖糖漿就完成了。

[1人份230 kcal　製作時間20分鐘（不含冷卻蘭姆黑糖漿，以及放到冰箱冷卻白玉湯圓的時間)]

1

揉捏的方法是往鋼盆的側面擠壓、揉捏。比起揉捏後直接下鍋煮，稍微放置一段時間後再煮，口感會更綿軟。

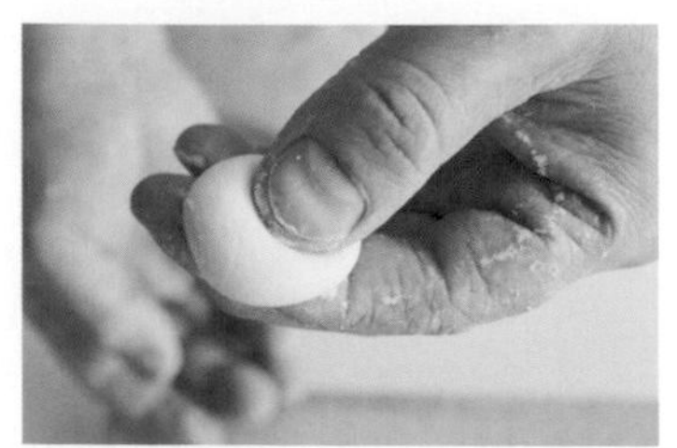

2

在正中間壓出凹陷，可以讓熱更均勻地滲到湯圓中，更快煮熟湯圓。

桃子巴巴露亞

巴巴露亞散發著桃子香氣，入口即化。
桃子醃漬後，一半的量直接使用，另一半則拌進巴巴露亞中，
可以吃到桃子的兩種不同口感。果皮與果核也能用來增添香氣。

材料（容量180mℓ的玻璃杯4個份）

桃子　2顆（460g）

A
- 細砂糖　1大匙
- 檸檬汁　1大匙

牛奶　200mℓ

B
- 水　2大匙
- 吉利丁粉＊　4g

C
- 蛋黃　2顆份
- 細砂糖　50g

鮮奶油　150mℓ

＊也可以用1包（5g），但是會變得比較硬一點。

1

將果皮與果核放進去並加蓋，放置一段時間後就能讓桃子香味滲入牛奶裡。

2

用橡膠刮刀壓緊，將滲透到果皮與果核內的巴巴露亞汁液完全擠出來。

1 首先製作醃漬桃子。桃子去掉果皮與果核後，切成1～2㎝的小丁。接著放進鋼盆裡加入A，用手拌一下。果皮與果核先留著。

2 鍋子裡放進牛奶與**1**的桃子果皮、果核，用中火加熱。沸騰後關火，加蓋悶5分鐘（照片1）。另取一個小容器加進B的水，然後篩進吉利丁粉，放置2～3分鐘，軟化吉利丁。

3 在其他鋼盆裡放入C，用攪拌器攪打均勻。攪打到發白、冒起細小的泡泡後，將**2**的牛奶連同果皮與果核一同加進去攪拌。接著倒回鍋內，用較弱的中火加熱，並用耐熱的橡膠刮刀不斷攪拌，讓鍋裡的材料均勻受熱。產生黏稠感後，用刮刀撈起來看看，若黏稠度達到能用手指在刮刀上畫出線的程度（小心燙傷）就關火。最後加進**2**軟化後的吉利丁，攪拌讓吉利丁溶解。

4 將篩網放在鋼盆上並倒入**3**過濾，此時要用刮刀壓住果皮與果核（照片2）。接著將鋼盆底放在冰水中，偶爾攪拌一下，冷卻到產生黏稠感為止。

5 在其他鋼盆裡倒進鮮奶油，底部泡在冰水中，再用電動或手動攪拌器打發到七分發（七分發請參照P.6），然後加進**4**攪拌。

6 將**1**醃漬桃子的一半均等放進玻璃杯中。剩下的桃子連同汁液加進**5**並簡單攪拌一下，然後均等倒入玻璃杯中。接著將玻璃杯舉起來，在鋪好毛巾的作業台上輕敲，把氣泡敲散。最後放進冰箱3個小時，等待凝固。

[1個270 kcal　製作時間35分鐘
（不含冷卻凝固的時間）]

桃子紅茶提拉米蘇

將桃子、優格鮮奶油、紅茶口味的卡斯特拉蛋糕疊在一起，做出清爽的提拉米蘇。
製作的重點在於將優格的水分瀝掉，突顯出宛如起司的濃厚風味。
紅茶糖漿可用桃子的果皮與果核提升香氣，與桃子本身的味道融為一體。

材料（容量500mℓ的器皿1個份）
桃子　1顆（300g）
原味優格（無糖）　300～350g
檸檬汁　1小匙
紅茶糖漿
- 水　100mℓ
- 紅茶葉（茶包）*　1包
- 細砂糖　1大匙

A
- 鮮奶油　150mℓ
- 細砂糖　1小匙

卡斯特拉蛋糕（市售）　3～4片
板狀巧克力（市售／白巧克力）　2片（80g）
＊推薦用格雷伯爵茶。

1 將厚紙巾（不織布型）鋪在篩網上，再將篩網放在鋼盆上，倒入優格。放進冰箱冷藏3～4小時，瀝除水分（照片1）。

2 桃子削掉皮後，切成4～8瓣並取掉果核，再切成2cm左右的小丁。桃子丁放進鋼盆內，淋上檸檬汁後用手稍微拌一下，接著蓋上保鮮膜並放進冰箱冷藏，直到使用前才取出。果皮與果核先留著。

3 接下來製作紅茶糖漿。小鍋裡放進材料中的水，用中火加熱，沸騰後加進**2**的果皮與果核（照片2）。再次沸騰後加進紅茶葉並關火，蓋上蓋子悶3分鐘。接著另取一個鋼盆並疊上篩網，過濾紅茶糖漿，同時取掉果皮、果核與紅茶葉。最後加入細砂糖攪拌到完全溶解，靜置冷卻。

4 在其他鋼盆裡放入A，底部泡在冰水中，然後用電動或手動攪拌器打發到八分發（八分發請參照P.6），再加進**1**攪拌。

5 卡斯特拉蛋糕切成1.5cm大小的塊狀，並鋪在器皿上。接著用湯匙將所有紅茶糖漿均勻淋在蛋糕上，讓蛋糕吸收糖漿。然後放上**4**一半的量，並均勻撒上**2**的桃子。最後放上剩下的**4**並用橡膠刮刀抹平，包上保鮮膜放置在冰箱內1～2小時。最後用湯匙刮下板狀巧克力的碎片，把碎片撒在表面就完成了。

[總量1960kcal　製作時間15分鐘（不含瀝掉優格水分、冷卻紅茶糖漿，以及放在冰箱冷卻的時間）]

1
瀝掉水分的優格重量大約是120～150g。

2
由於果皮與果核的香氣濃烈，所以要盡可能徹底利用，把桃子香味的精華抽取出來。

莓果乳酪蛋糕

這是一款口感濕潤而滑順，味道醇厚香濃的乳酪蛋糕。
由於綜合莓果的酸味很強烈，所以我用酸奶油與煉乳來調和，讓味道更圓潤。
讓蛋糕吃起來滑順的秘訣在於，麵糊需要先過濾，並用烤箱進行隔水烘焙。

材料（18×9×高6.5㎝的磅蛋糕模具1個份）

綜合莓果（冷凍） 100g

A
- 奶油乳酪 200g
- 酸奶油 90g
- 細砂糖 3大匙
- 煉乳 1大匙

雞蛋 1顆

B
- 低筋麵粉 1½大匙
- 肉桂粉（選擇性使用） 少許

喜歡的餅乾（市售） 4～5片

事前準備

・奶油乳酪與酸奶油回復到常溫，先使其軟化。
・雞蛋回復到常溫。
・磅蛋糕模具鋪上烘焙紙，並在模具周圍包上鋁箔紙（避免熱水進入模具）。餅乾也先鋪在模具底部（如果餅乾太大塊，就先切成小塊後再鋪上去）。

・烤箱預熱到170℃。

1 鋼盆裡放入A，用橡膠刮刀翻攪，然後把蛋打散後加進去，再用攪拌器攪拌均勻。接著加入B，攪拌到沒有粉狀感為止。另取一個鋼盆放上篩網，把麵糊過濾乾淨。

2 在冷凍狀態下直接將綜合莓果加進**1**，並稍微混拌一下（照片1），然後倒進鋪好餅乾的模具裡。模具對著作業台往下敲2～3次，將表面晃平。

3 把**2**放在比模具大一圈的耐熱烤盤上，並連著耐熱烤盤一同放到烤箱的烤盤上。模具與耐熱烤盤間注入2㎝深的熱水（照片2），然後用170℃烤箱烘烤35～40分鐘（隔水烘焙）。
※當乳酪蛋糕表面脹得光滑飽滿時就是烘焙完成了。

4 從耐熱烤盤取出模具，撕掉鋁箔紙，連同模具放在網架上冷卻。接著放進冰箱3小時以上，等乳酪蛋糕入味。最後連同烘焙紙從模具中取出，並撕掉烘焙紙，用溫熱的菜刀切成適當的大小。
※由於烤盤上的水相當滾燙，從烤箱中取出時，務必小心不要燙傷。

[總量1590 kcal　製作時間55分鐘
(不含冷卻時間以及冰在冰箱中的時間)]

1
仔細攪拌，讓綜合莓果能均勻散布在麵糊裡。

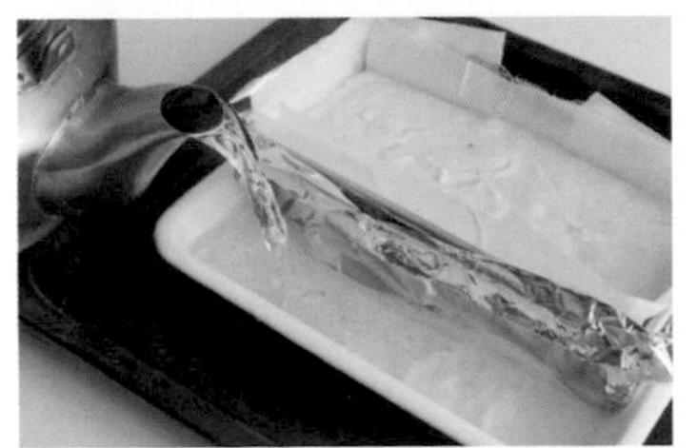

2
因為磅蛋糕模具在四個角分別有透氣用的小孔，所以需要包上鋁箔紙以免熱水灌進模具。

莓果醬軟綿綿鬆餅

輕柔鬆綿的鬆餅好吃得令人一口接一口。
製作的關鍵在於不要戳破麵糊中蛋白霜的氣泡。
由於經過一段時間氣泡會消失，所以要用電烤盤一口氣煎好。

材料（2人份）

莓果醬

- 綜合莓果（冷凍） 100g
- 細砂糖 3大匙
- 檸檬汁 1小匙

雞蛋 2顆

A
- 低筋麵粉 40g
- 泡打粉 ⅓小匙

牛奶 20mℓ

鹽 1撮（1g）

細砂糖 2大匙

植物油 適量

馬斯卡彭起司* 適量

＊ 或使用打到九分發（九分發請參照P.6）的鮮奶油。

事前準備

・蛋分成蛋白與蛋黃，分別裝到不同鋼盆裡。

・A要混在一起並事先篩過。

1 首先製作莓果醬。在耐熱的鋼盆裡直接放進冷凍的綜合莓果，加入細砂糖與檸檬汁後用湯匙簡單攪拌一下。接著不包保鮮膜，直接放進微波爐（600W）加熱3分鐘，再用耐熱的橡膠刮刀攪拌。之後再次用微波爐加熱3分鐘，然後包上保鮮膜放置到冷卻。

2 在裝有蛋黃的鋼盆裡加進篩好的A與牛奶，並用攪拌器仔細攪拌到產生黏稠感為止。

3 在裝有蛋白的鋼盆裡加入鹽與半量的細砂糖，然後用電動攪拌器低速攪打30秒，直到看不見蛋白的黏液為止。接著切換到高速，繼續攪打至發白。最後加入剩下的細砂糖，製作出紋理細緻、硬度偏硬的蛋白霜（照片1）。

4 把**2**加進**3**裡，並用橡膠刮刀輕柔地攪拌至表面光滑，以免蛋白霜的氣泡破掉。

5 在加熱到低溫（150℃）的電烤盤上倒進一層薄薄的植物油，然後保持間隔，用湯匙將**4**的麵糊舀進電烤盤上，每次皆為 的量，並調整為圓形（照片2）。蓋上蓋子後煎烤1分30秒。當麵糊邊緣煎乾後就將麵糊翻過來，再次蓋上蓋子煎烤1分30秒。最後盛到容器中，淋**1**的莓果醬，再佐上馬斯卡彭起司就完成了。

［1人份370 kcal　製作時間20分鐘］

1

蛋白霜打發到撈起來後，尖端會稍微彎曲的硬度。

2

做好麵糊後，要在蛋白霜氣泡尚未消失的期間，一口氣把所有量煎好。如果要用平底鍋煎，可以將所有材料調整為一半，並用較大的平底鍋一次煎好。

藍莓奶酥磅蛋糕

多層次的味道與口感在嘴裡迸發，用料豐富又有趣的磅蛋糕。
肉桂風味的奶酥吃起來口感酥香，蛋糕本身則鬆軟濕潤。
夾在這兩層不同質地中的藍莓酸味則成為了最佳的點綴。
如果正值產季，可以用新鮮藍莓，除此之外的季節，直接加入冷凍的藍莓也沒關係。
奶酥盡可能捏碎成鬆散的顆粒狀，
並直到烘焙前都放在冰箱冷藏，這樣就能做出奶酥的酥鬆口感。

材料（18×9×高6.5㎝的磅蛋糕模具1個份）

藍莓　100g

奶酥

- 奶油（無鹽）　35g
- 細砂糖　50g
- 杏仁果粉　1大匙
- 低筋麵粉　50g
- 肉桂粉　⅓小匙

蛋糕部分

- 奶油(無鹽）　60g
- 細砂糖　60g
- 蛋液　1顆份
- 低筋麵粉　70g
- 泡打粉　⅓小匙
- 檸檬汁　2小匙

事前準備

- 奶油先回復到常溫，使其軟化。
- 奶酥的低筋麵粉與肉桂粉先混在一起並篩過。
- 蛋糕部分的低筋麵粉與泡打粉先混在一起並篩過。
- 磅蛋糕模具鋪上烘焙紙。
- 烤箱預熱到170℃。

藍莓奶酥磅蛋糕的做法

1

首先製作奶酥。在鋼盆裡放進奶油、細砂糖、杏仁果粉，並用橡膠刮刀攪拌，接著加進篩好的低筋麵粉與肉桂粉繼續攪拌。攪拌到沒有粉狀感後，就將麵團整理成一團，並在鋼盆的內側側面將麵團壓扁。

4

接下來製作蛋糕部分。在鋼盆裡放進奶油與細砂糖，並用攪拌器攪打至稍微發白。接著分成數次加入蛋液，每次加進蛋液時都要仔細攪拌。

※如果一口氣把蛋液全加進去，容易產生蛋與油脂分離的情況。若不小心分離了，就將合在一起篩好的低筋麵粉與泡打粉用小匙分成1～3次加入，再仔細攪拌即可。

2

當硬度變得均勻後，用手指將麵團搓揉成 1 cm左右的大小。

3

搓揉成鬆散的顆粒狀後，就鋪開在烤盤上，並放到冰箱冷藏，直到使用前才取出。

5

將合在一起篩好的低筋麵粉與泡打粉加進**4**，再用橡膠刮刀攪拌到沒有粉狀感為止，接著加進檸檬汁並攪拌。

6

在鋪好烘焙紙的模具裡倒進**5**的蛋糕麵團並抹平，然後撒上藍莓與**3**的奶酥。接著放到烤盤上，用170℃的烤箱烘烤30～33分鐘。最後連同烘焙紙一起從模具中取出，放到網架上冷卻。

※可用竹籤插進麵團中心，若不會沾取生麵團就是烘焙完成了。

［總量1760 kcal　製作時間50分鐘（不含冷卻時間）］

MURAYOSHI MASAYUKI

料理研究家。自甜點學校畢業後，曾在法式蛋糕店、咖啡廳與餐廳工作，並於2009年開設甜點與麵包烘焙教室。以「因為在家做才好吃」為理念，設計並推廣適合家庭製作的食譜與食材。熱衷於研究，關注對象涵蓋便利商店的人氣商品到正統甜點師製作的甜點，總能持續產出嶄新的創意與點子。特色鮮明、平易近人的個性相當受歡迎，由於擔任「NHK今日的料理」節目的講師而為人熟知。著有多部甜點及麵包教學書，每一本都得到「簡單好做又好吃」的好評。

美術指導　遠矢良一（Armchair Travel）
攝影　福尾美雪
造型　西﨑弥沙
烹飪助理　鈴木萌夏
營養計算　宗像伸子
編集　宇田真子／米村 望、山田葉子（NHK出版）
編集協力　前田順子／大久保あゆみ

水果甜點工作室

出　　版／楓葉社文化事業有限公司
地　　址／新北市板橋區信義路163巷3號10樓
郵政劃撥／19907596　楓書坊文化出版社
網　　址／www.maplebook.com.tw
電　　話／02-2957-6096
傳　　真／02-2957-6435
作　　者／MURAYOSHI MASAYUKI
翻　　譯／林農凱
責任編輯／王綺
內文排版／楊亞容
校　　對／謝宥融
港澳經銷／泛華發行代理有限公司
定　　價／320元
出版日期／2022年10月

國家圖書館出版品預行編目資料

水果甜點工作室 / MURAYOSHI MASAYUKI 作；林農凱譯. -- 初版. -- 新北市：楓葉社文化事業有限公司, 2022.10　面；　公分

ISBN 978-986-370-457-7（平裝）

1. 點心食譜

427.16　　111012297